브런치 하다앳홈

브런치 하다앳홈

브런치 하다앳홈

주방에서 시작하는 건강

한국인이 1년 동안 섭취하는 식품 첨가물은 25kg에 달한다고 합니다.
2009년 조사 결과이니, 지금은 그 이상일 거라 확신해요.

아침은 편의점 샌드위치로, 점심은 즉석 도시락으로, 저녁은 배달 음식에 의존하고
가끔은 집밥이라며 밀키트, 가공육, 시판 드레싱을 먹습니다.

그렇게 하루하루 몸에 무엇을 채우고 있는지 종종 잊고 살아갑니다.
건강은 하루 아침에 무너지지 않아요.
이런 작은 선택들이 조금씩 쌓여 결국 몸이 신호를 보내기 시작합니다.

편리함에 길들여진 우리 식탁,
이제는 바꿔야 해요.

건강한 집밥이라고 거창할 필요는 없습니다.
재료는 쉽게 구할 수 있어야 하고
만드는 과정은 간단해야 하며
무엇보다 맛있어야 합니다.
그래야 지속 가능합니다.

건강한 식재료로
오늘부터 내 몸에 적금 드세요.
건강은 주방에서 시작합니다.

박정아 (하다앳홈)

집밥 시작하기

PART 1 **샐러드**

PART 2 **소스&드레싱&딥**

집밥
시작하기

▌ 주방 도구

요리는 특별한 도구가 많아야만 가능한 게 아니에요. 꼭 필요한 몇 가지만 있어도 충분합니다. 저도 한때는 다양한 도구를 모으는 게 즐거웠지만 지금은 최소한으로 남기고 모두 정리했어요. 그 결과, 주방은 물론 제 마음도 한결 가벼워졌습니다.

일반 저울

레시피에서 흔히 보는 감자 2개, 양파 1개, 호박 1/2개 같은 표현은 부정확합니다. 같은 재료라도 무게나 크기는 편차가 크고, '대중소'라는 기준도 명확하지 않아요.

이 책에서는 정확하고 일관된 맛을 위해 모든 재료를 g 또는 mL 단위로 표기했습니다. 계량 기준은 껍질, 씨, 이물질 등을 제거한 순수한 재료만의 무게를 기준으로 합니다(단호박 제외).

정밀 저울

소금, 허브, 향신료, 인스턴트 드라이 이스트 등은 보통 5g 이하로 사용하는 경우가 많습니다. 이렇게 소량 사용하는 재료는 일반 저울로 정확한 측정이 어려워요.

일반 저울은 1g이 1g 이상으로 측정되어 맛에 큰 영향을 줄 수 있습니다. 따라서 0.01g 단위까지 측정 가능한 정밀 저울이 있다면 보다 정확한 요리가 가능합니다.

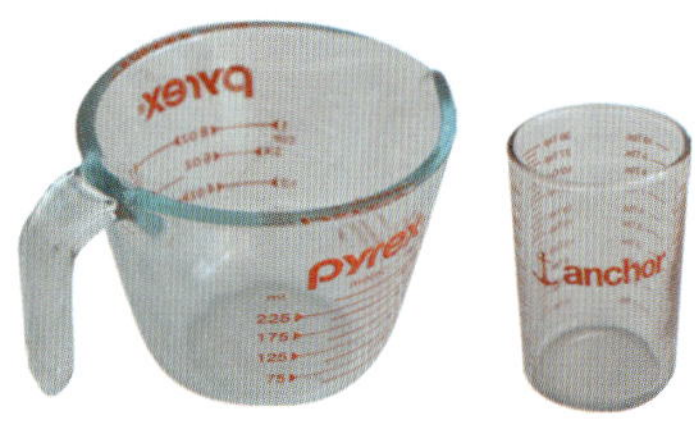

계량컵

뜨거운 재료도 계량 가능한 스테인리스나 강화 유리 재질이 좋습니다. 파이렉스, 앵커호킹 같은 브랜드가 대표적이에요. 500mL, 250mL는 물론 150mL 소용량까지 있으면 다양하게 활용할 수 있어요. 저는 20년 이상 사용하는 계량컵이 있을 정도인데, 깨지지만 않으면 평생 사용할 수 있습니다.

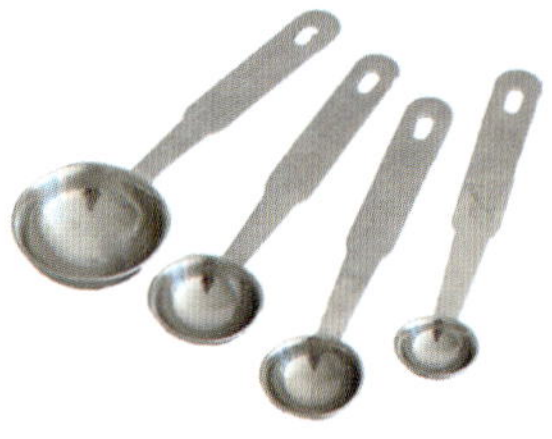

계량스푼

집마다 수저 크기가 달라서 숟가락으로 계량하는 건 부정확합니다. 정확한 계량을 위해 반드시 계량스푼을 사용하는 게 좋아요. 1큰술(1T)=15mL, 1작은술(1t)=5mL만 기억하세요.

타이머

없어도 되지만 한번 사용하면 신세계가 열려요. 베이킹뿐 아니라 야채찜, 냄비밥, 나물 데치기, 차 우리기 등에 매일 사용합니다. 뒷면에 자석이 있어 냉장실, 메탈 선반 등에 부착해서 보관하는 제품이 편리합니다. 저는 디자인이 심플하고 사용 방법이 직관적인 무인양품 제품을 사용하고 있어요. 거의 매일 사용하는데 4년에 1회 정도 건전지를 교체할 정도로 건전지도 오래 갑니다.

그레이터/제스터

치즈, 생강, 마늘, 레몬 제스트 등에 다양하게 활용할 수 있어요. 레몬은 즙보다 껍질이 맛과 향이 더 진합니다. 요리에 넣으면 음식의 풍미를 좋게 만드는데요, 하얀 속껍질은 쓴맛이 나기 때문에 노란 겉껍질만 얇게 갈아 사용합니다. 저는 마이크로플레인 제품을 꽤 오랫동안 사용하고 있어요.

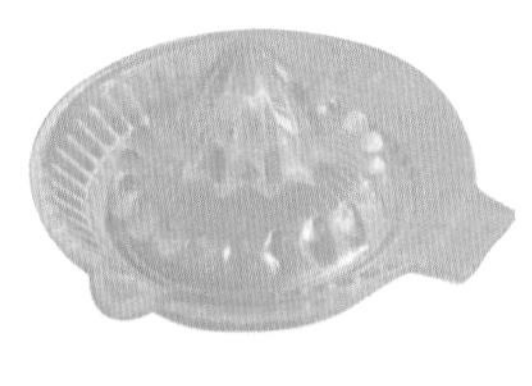

착즙기

레몬즙은 음식의 풍미를 올리는 재료입니다. 시판 제품보다 바로 즙을 짜서 사용하는 게 신선해요. 15년 전, 외국 시장에서 구입했던 소형 유리 착즙기를 지금도 즐겨 사용합니다.

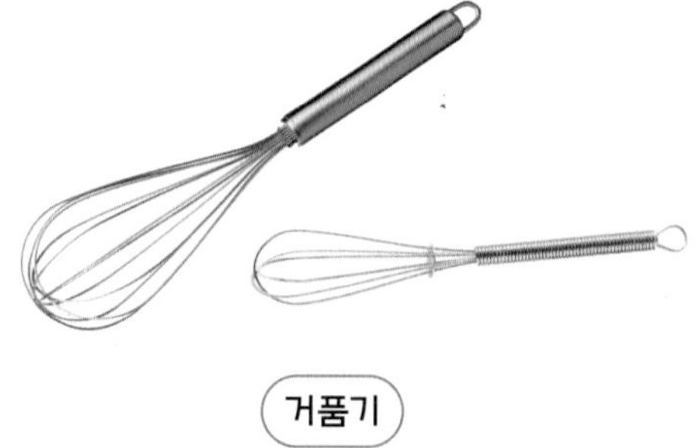

거품기

재료를 섞거나 거품을 내는 데 사용합니다. 한 번에 많은 양을 섞을 때는 대형, 소스나 드레싱처럼 소량의 재료를 섞을 때는 소형 거품기가 좋아요.

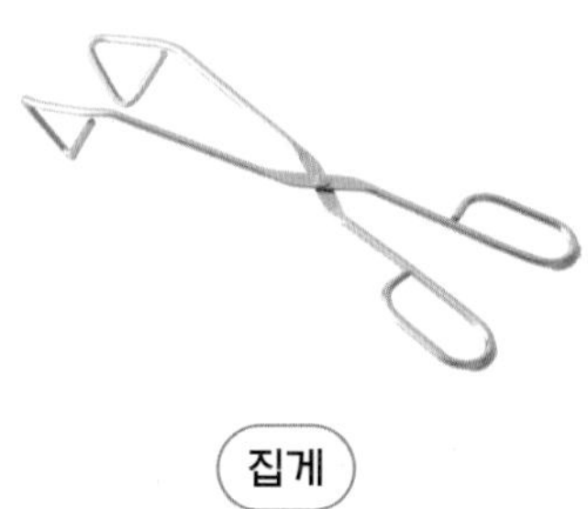

집게

집게 쪽이 삼각형 모양이라 음식을 집을 때 안정감이 있어 편리합니다. 90도 이상 벌어지기 때문에 생각보다 큰 식재료도 충분히 들 수 있어요. 집게 끝부분에 격자무늬 홈이 있어 재료를 집는 강도도 조절할 수 있습니다. 하루도 빠짐없이 사용하는 도구예요. 트라이앵글 제품.

핀셋

파스타를 접시에 예쁘게 담을 때, 고기 구울 때, 얇은 식재료를 뒤집을 때 유용해요. 길이가 길고 끝부분에 홈이 있어 정밀하고 안정적인 작업이 가능합니다. 트라이앵글 제품.

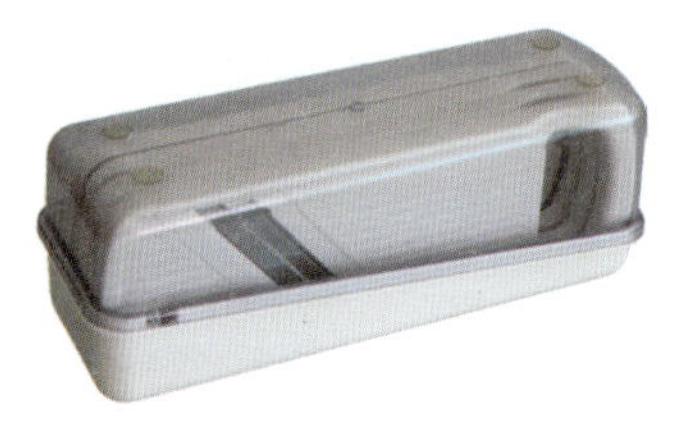

(체망)

(채칼 세트)

큰 사이즈, 작은 사이즈 이렇게 2종류를 구비해 놓으면 좋습니다. 대형 체망은 트라이앵글 제품으로, 체망 부분만 23cm입니다. 손잡이 부분에 고무가 있어 고정력이 좋아 과일, 채소 등을 세척해서 싱크대에 걸쳐 물을 뺄 때나 면을 식힐 때 유용합니다. 밀가루를 체 칠 때, 소량 재료 물기를 뺄 때 사용하는 소형 체망은 다리 걸이가 있어 용기에 걸쳐 사용하는 게 편리해요.

크고 비싼 채칼도 많지만 막상 손이 잘 가지 않더라고요. 보관이 용이하고, 크기가 작은 주방 도구를 선호한다면 시모무라 채칼 세트가 좋습니다. 절삭력도 좋은 편이라, 사용할 때 반드시 면장갑을 착용하는 게 좋아요.

(보관 용기)

유리 용기는 냄새나 색이 밸 걱정 없고 위생적입니다. 볼 메이슨 자는 클래식한 디자인과 실용성을, 웩은 합리적인 가격과 간편한 호환성을, 트윙클 자는 단단한 내구성과 감각적인 컬러가 특징입니다. 보관할 식재료의 종류, 사용 목적에 맞게 선택해 보세요.

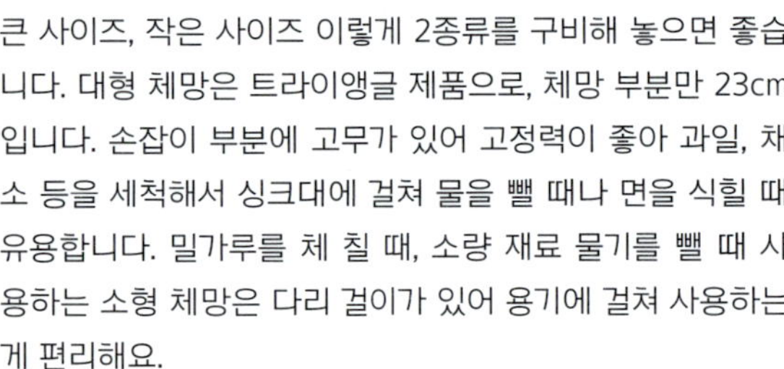

브랜드	특징	단점	사진
볼 메이슨 자	- 140년 전통의 미국 브랜드 - 철제 뚜껑은 플라스틱 뚜껑으로 호환 가능 - 양각으로 눈금 표기가 되어 있어 편리함 - 사이즈가 다양함 - 몸체 냉장/냉동/전자레인지/식기세척기 가능	- 철제 뚜껑이 쉽게 녹슮 - 실리콘 뚜껑 없음	
웩	- 130년 전통의 독일 브랜드 - 재생 유리 사용(강화 유리 X) - 유리, 화이트 PE, 실리콘 뚜껑으로 호환 가능 - 사이즈가 다양함 - 몸체 냉장/냉동/전자레인지/식기세척기 가능	- 실리콘 뚜껑 색이 다양하지 않음 - 트윙클보다 유리 두께가 얇음	
트윙클 자	- 미국 또는 프랑스산 강화 유리 사용 - 한국 제작, 플래티넘 실리콘 뚜껑 - 묵직해서 내구성이 좋음 - 실리콘 뚜껑 색이 다양함 - 몸체 냉장/냉동/전자레인지/식기세척기 가능	- 조금 비싼 편 - 사이즈가 다양하지 않음	

▌ 주방 가전

음식의 완성도와 효율적인 공정을 위해 주방 가전의 선택은 매우 중요합니다. 한번 구입하면 오랫동안 사용하는 경우가 많기 때문에 처음부터 자신에게 맞는 제품을 신중하게 고르는 것이 좋습니다.

블렌더

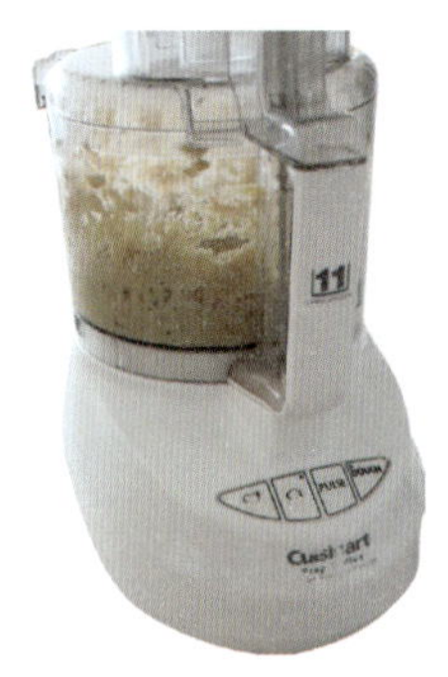

푸드 프로세서

재료를 빠르고 곱게 갈아 주는 블렌더는 스무디, 수프, 소스 등을 만들 때 유용합니다. 고성능 블렌더일수록 입자가 더 곱게 갈려요. 기능적인 측면에 따라 가격이 천차만별이기 때문에 본인의 상황에 맞게 선택하세요. 참고로 고성능 블렌더의 양대 산맥은 바이타믹스, 블렌텍입니다. 중저가 제품과는 확실한 성능 차이를 보여요. 바이타믹스도 있지만, 저는 입구 쪽이 넓어 세척이 편리한 블렌텍에 정착해 10년 이상 사용하고 있습니다.

푸드 프로세서는 재료를 다지거나 분쇄, 곱게 반죽하는 데 유용합니다. 블렌더와 달리 액체가 없어도 잘 갈려요. 대표 브랜드로는 필립스, 브라운, 켄우드, 쿠진아트 등이 있으며 저는 쿠진아트 제품을 10년 넘게 고장 없이 사용하고 있습니다. 부속품이 적고 사용법이 직관적이라 복잡한 기기를 선호하지 않는 분께 추천해요. 베이킹할 때도 많이 사용한답니다.

오븐

오븐이 있으면 요리의 폭이 넓어집니다. 일반적인 요리는 20L 소형 오븐으로도 가능하지만, 식빵처럼 위로 많이 부푸는 제빵도 하려면 최소 40L 이상 제품을 추천합니다. 이 책에서는 스메그 컨벡션 오븐(ALFA43K, 60L)을 사용했어요. 저는 소형 에어 프라이어 오븐, 컨벡션 오븐 두 가지를 용도에 맞게 활용하고 있습니다. 오븐 요리는 대부분 에어 프라이어로도 가능하지만 기기마다 성능이 달라 온도와 시간 조절이 필요합니다.

■ 좋은 식재료 선택

"초가공식품을 최소화하고 신선한 자연 재료로 식단 구성하기"
누구나 알고 있는 말이지만 막상 실천하기는 쉽지 않죠? 가공식품은 우리 일상에 깊숙이 자리 잡고 있어서 완전히 끊기는 힘들지만 더 나은 선택은 할 수 있어요. 가급적 자연식 위주로 식사하되 가공식품을 구입할 때는 성분표 확인을 잊지 마세요. 원재료가 단순하고 첨가물이 적을수록 덜 가공된 식품입니다.
식재료에 진심인 제가 깐깐하게 고른 제품을 소개합니다. 주로 가정에서 많이 사용하는 양념 위주의 제품이고, 이 책에서 사용한 제품입니다. 여러분에게 조금 더 건강한 선택이 되기를 바랍니다.

레몬즙

시판용 레몬즙보다 바로 짠 레몬즙이 더 신선해요. 보통은 바로 착즙해서 요리에 사용하지만 생레몬이 없을 때를 대비해 시판용 레몬즙도 구비해 둡니다. 이탈리아 브랜드인 유로푸드 유기농 레몬즙은 농축액이 아닌 100% 착즙 레몬 원액이에요. 이 제품은 산화 방지제가 없기 때문에 개봉 후에는 냉장 보관 및 가급적 빨리 소진해야 합니다. 250mL 한 병에 레몬 8개, 500mL 한 병에 레몬 16개 분량이 들어있다고 해요.

케첩, 마요네즈

제가 선택한 제품은 USDA 유기농 인증을 획득한 수지스 제품입니다. 엄선한 유기농 재료만 사용해 인공 첨가물이나 보존제가 들어 있지 않습니다. 보존제가 없으므로 개봉 후에는 반드시 냉장 보관하세요.

홀그레인 머스터드

요리에 생기를 더하는 재료입니다. 디종 머스터드는 곱고 부드러운 질감에 톡 쏘는 매운맛이 특징인 반면, 홀그레인 머스터드는 겨자씨가 들어 있고 매운맛이 거의 없는 은은하게 새콤한 맛이에요. 저는 주로 홀그레인 머스터드를 즐겨 사용합니다. 제가 선택한 제품은 유럽 연합의 까다로운 유기농 인증을 받은 테메레 유기농 홀그레인 머스터드. 200년 전통의 프랑스 제품입니다.

올리브오일

그리스에서는 1인당 연평균 24L의 올리브오일을 섭취한다고 해요. 최근 가격이 많이 올라 예전처럼 마음껏 사용하기는 어렵지만 저 역시 올리브오일을 즐겨 사용합니다. 올리브오일은 제품에 따라 가격 차이가 크기 때문에 무조건 비싼 제품보다는 기준을 세워 합리적으로 선택하는 것이 중요해요. 구입할 때 아래 5가지는 반드시 확인하세요.

① 엑스트라 버진 등급

올리브오일 중 가장 높은 등급으로 맛, 향, 영양이 모두 우수합니다.

② 산도 0.2% 이하

국제올리브협회(IOC) 기준으로 엑스트라 버진 오일은 산도 0.8% 이하이지만, 프리미엄급 제품은 0.2% 이하인 경우가 많습니다. 산도는 지방이 손상된 정도를 의미하며, 산도가 낮을수록 좋은 오일입니다. 단, 가격이 많이 비싸져요. 산도가 낮은 올리브오일은 가열하는 요리에도 충분히 사용 가능합니다(튀김 제외).

③ 유기농 올리브 사용

3년 이상 농약, 화학 비료를 사용하지 않은 토양에서 재배된 올리브로 만든 제품이 이상적입니다. 구입 시 유기농 인증 마크를 확인하세요.

④ 저온 압착 방식

올리브 열매에서 기름을 분리하는 과정이 압착인데, 고온에서 추출하면 유효 성분이 손상되므로 저온 압착 방식이 좋습니다.

⑤ 유리병 포장

올리브오일은 공기, 빛, 열에 쉽게 산화돼요. 페트병보다는 유리병에 포장된 제품이 산패를 늦추고 품질을 오래 유지합니다.

버터

버터는 해로운 지방이라는 오해를 오랫동안 받아 왔는데, 요즘은 그 오해가 벗겨지고 있어요. 제가 버터를 고르는 기준은 인공 첨가물 없는 100% 유크림, 순수 자연 버터 중에서도 목초 버터입니다. 목초를 먹인 소의 원유로 만든 목초 버터는 오메가3 지방산, 비타민 등의 영양소 함량이 높습니다. 반면에 사료를 먹인 소의 원유로 만든 버터는 염증 반응을 일으키는 오메가6의 비율이 높아요. 사료의 차이가 맛과 건강의 차이로 이어집니다.

요리할 때는 특유의 향이 너무 진하지 않은 버터가 좋습니다. 저는 요리, 베이킹에 버터를 자주 사용해서 가격대도 중요하게 생각하는데, 이 모든 것을 충족하는 버터가 앵커 버터입니다. 뉴질랜드의 초원에서 자란 젖소의 원유로 만든 대표적인 목초 버터입니다.

(간장)

공장에서 생산하는 대부분의 간장은 진짜 콩(대두)이 아닌 콩 찌꺼기(탈지 대두)로 만듭니다. 이 과정에서 많은 첨가물이 필요하고, 무엇보다 대부분 수입 콩(GMO)을 사용해요. 특히 진간 장은 양조간장에 산분해간장을 섞은 제품입니다. 산분해간장은 짧은 기간 (2~3일)에 산으로 분해하며 만들어 첨가물이 다량 들어갑니다. 진간장은 열을 가해도 향과 맛이 변하지 않아 열을 가하는 요리에 주로 쓰이지만, 저는 첨가물이 많아 진간장은 사용하지 않습니다.

제가 사용하는 가을향기 유기농 간장은 2004년 국내 최초로 장류 유기가공식품 인증을 받은 제품입니다. 플라스틱이 아닌 유리 용기에 담겨 있고요, 탈지 대두가 아닌 진짜 콩으로 만든 감칠맛 깊은 간장입니다. 볶음, 조림, 국물 요리 등 간장이 필요한 모든 요리에 사용합니다.

(식초)

일반 양조 식초는 주정(에탄올)에 초산균을 넣어 단기간에 만듭니다. 제조 기간이 짧아 영양분이 거의 없어요. 양조/합성 식초보다는 천연 발효 식초가 좋지만 가격대가 높습니다. 저는 식초를 대량 사용하는 음식(⑩ 장아찌)에는 양조 식초를 사용하지만, 이외에는 천연 발효 식초를 사용합니다.

양조 식초와 발효 식초는 맛과 산도가 달라 보통은 1:1로 대체하기 어려울 수 있어요. 일반 가정에서 많이 사용하는 양조 식초의 산도는 6% 내외입니다. 일반 요리에도 사용하기 위해 제가 사용하는 유기농 감식초도 산도는 6% 내외예요. 유리병에 담겨 있고 화학 비료, 제초제 등을 사용하지 않은, 3년간 발효 숙성한 천연 발효 식초입니다. 일반 요리에도 무리 없이 사용할 수 있어요.

(발사믹식초)

포도를 발효시켜 만든 식초로, 한 스푼만으로도 음식의 결이 달라집니다. 숙성 기간과 원재료 비율에 따라 맛, 향, 질감이 크게 달라지며 가격도 천차만별이에요. 이탈리아 모데나 지역은 발사믹식초의 본고장으로, 1605년부터 시작한 주세페 주스티는 유럽에서 가장 오래된 발사믹식초 브랜드입니다.

발사믹식초는 개인의 기호에 따라 선택하면 됩니다. 숙성 기간이 짧으면 산뜻하고 가벼운 맛, 숙성 기간이 길면 농축된 단맛과 오크 향이 나요. 숙성 기간이 긴 제품은 수십만 원에 육박합니다. 저처럼 발사믹식초를 자주 사용한다면 이런 비싼 제품은 부담스럽겠죠. 저는 산뜻하고 가벼운 6년산을 즐겨 사용합니다.

(달걀)

"1등급에 속지 마세요"

마트에서 판매하는 대부분의 달걀 포장지에는 '1등급' 문구가 적혀 있습니다. 1등급이 과연 좋은 달걀일까요?
2019년부터 달걀에 10자리의 산란일자 표시제가 시행되고 있습니다. 이 숫자를 알면 어떤 환경에서 생산된 달걀인지 쉽게 확인 가능합니다.

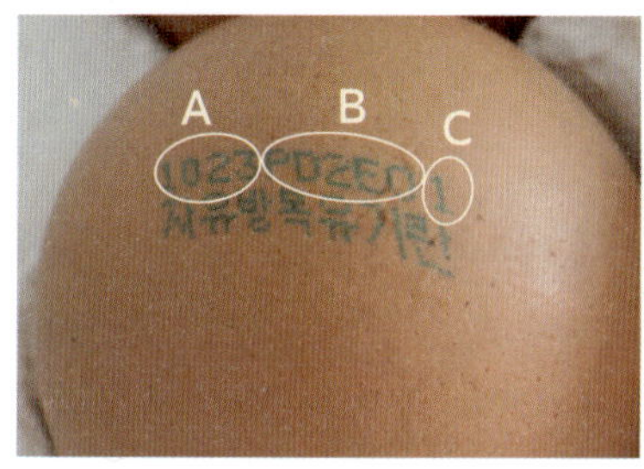

- **A(앞 4자리):** 산란일자(⑩ 0219→2월 19일 산란)
- **B(다음 5자리):** 생산자 고유번호
- **C(마지막 1자리):** 닭의 사육 환경, 난각번호

1등급 문구가 아니라 난각번호를 확인해야 합니다.

- 난각번호 1번: 자연 방목, 자유롭게 사육하는 닭이 낳은 달걀
- 난각번호 2번: 평사 사육, 축사(사육 밀도: 9마리/㎡)
- 난각번호 3번: 개선 케이지, 4번보다는 조금 넓은 케이지(사육 밀도: 13마리/㎡)
- 난각번호 4번: 배터리 케이지, 좁은 닭장에 갇혀 지내는 환경(사육 밀도: 20마리/㎡)

마트에서 판매하는 1+, 1등급으로 표기되어 있는 달걀 대부분이 난각번호 4번인데, 포장지에는 1등급이라고 적혀 있는 이유는 뭘까요? 달걀의 신선도와 내용물의 상태만 판별하여 등급으로 구분한 것, 즉 겉으로 볼 때는 정상이지만 닭이 어떤 환경에서 자랐는지는 알 수 없는 등급입니다.

- 외관 판정: 달걀 껍데기 모양, 손상 여부
- 투광 판정: 빛을 비춰 노른자 상태, 껍데기 실금 균열 확인
- 할란 판정: 달걀을 깨뜨려 흰자/노른자 상태, 높이 측정

좁은 닭장 안에서 몸을 제대로 움직이지도 못한 채 사료와 항생제, 촉진제에 의존해 알만 낳는 닭. 반면 햇살을 쬐며 모래 목욕을 하고, 자연스럽게 짝짓기하며 유정란을 낳는 닭. 어떤 환경에서 자란 닭이 건강한 달걀로 이어질까요?
마트에서 판매하는 달걀은 난각번호 1, 2번을 제외하고는 포장지에서 확인할 수 없습니다. 포장지를 열지 않고 난각번호가 1번임을 알 수 있는 방법은 무엇일까요? '자유 방목', '산림 방사' 문구가 있으면 100% 난각번호 1번 달걀입니다.
난각번호 1번은 기본, 한 가지 더 확인할 것! 닭에게 주는 사료에는 항생제, 성장·산란 촉진제 등 각종 화학 물질이 있을 수 있어서 저는 유기농(당연히 NON-GMO) 사료 여부도 확인합니다. 이런 달걀은 마트에서 구입하기 쉽지 않습니다. 포털 사이트에서 '유기농 난각번호 1번 달걀'로 검색하면 몇몇 판매처가 나옵니다.
좋은 사육 환경의 달걀을 고르는 일은 단순한 식재료 선택이 아닙니다. 우리가 어떤 달걀을 소비하느냐에 따라 닭이 사는 환경이 달라집니다. 이것은 다시 우리의 건강으로 되돌아옵니다.

요리의 맛을 결정하는 건 결국 '간'입니다. 그 중심에 있는 재료가 소금이죠.
태안 자염, 히말라야 핑크 솔트, 코셔 솔트 등 소금의 종류는 다양하지만 우리 식탁에서 가장 많이 쓰이는 건 천일염, 꽃소금, 한주소금입니다. 이 책에서는 천일염을 사용했어요.

천일염

흔히 굵은소금(왕소금)이라 부르는 소금입니다. 대부분 서해안에서 생산되며, 바닷물을 염전에 가둔 후 바람과 햇볕에 증발시켜 만들어요. 생산 방식에 따라 토판염, 장판염, 타일염으로 분류되는데 요즘 한국인들이 좋아하는 프랑스 게랑드 소금이 토판염 방식으로 만들어집니다.
국내에서는 환경 호르몬, 미세 플라스틱 등 제조 환경에 대한 논란이 존재하지만 천일염은 풍부한 무기질과 미네랄 덕분에 여전히 많은 사람들이 찾는 소금입니다.
간수를 많이 뺄수록 좋은(비싼) 소금이 되는데, 아이러니한 것은 간수가 빠져나올 때마다 불순물뿐만 아니라 미네랄(마그네슘)도 같이 빠진다는 것. 마그네슘이

많이 들어 있으면 쓴맛이 나기 때문에 오래 숙성한(간수 뺀) 천일염이 쓴맛이 없고 깊은 감칠맛이 가득한 소금이 됩니다.

꽃소금

천일염을 깨끗한 물에 녹여 불순물을 제거하고 끓여서 만든 소금. 녹인 다음 재가열하는 방식이라 '재제염'이라고도 합니다. 불순물이 없어 위생적이지만 재가열 과정에서 일부 미네랄이 손실됩니다.
천일염보다 입자가 곱고 조금 더 하얀색을 띠며, 염도는 천일염보다 조금 강하고 깔끔해요. 천일염 특유의 깊고 묵직한 맛은 없지만 깔끔하고 깨끗한 짠맛이 특징입니다.

한주소금

우리나라 최초의 정제염으로, 동해 바닷물을 농축, 증발, 정제해서 만듭니다. 불순물과 중금속 등을 완전히 제거한 가장 깨끗하고 위생적인 소금이지만, 염도가 99%로 가장 높아(짠맛 강함) 요리에 사용할 때 타 소금에 비해 소량을 사용해야 해요.
천일염은 생산 연도, 지역 등에 따라 맛의 차이가 있지만 정제염은 맛이 일정하다는 특징이 있어요. 따라서 언제나 일정한 맛을 내야 하는 가공식품 회사에서는 주로 정제염을 사용합니다. 대량 생산이 가능하기 때문에 가격이 저렴한 것도 장점입니다.

$$\boxed{\text{치즈}}$$

치즈는 소량만으로도 음식의 풍미와 질감을 바꿔 주는 재료입니다.

자연 치즈는 우유를 응고, 숙성해서 만드는 순수한 치즈입니다. 체다, 모차렐라, 브리, 파마산 등 대부분의 전통 치즈가 여기에 속하며 숙성 기간, 지방 함량, 제조 방식 등에 따라 맛과 향이 달라져요.

반면 가공 치즈는 자연 치즈에 유화제, 색소, 보존료 등을 더해 모양과 맛을 균일하게 만든 제품입니다. 대부분의 슬라이스 치즈가 가공 치즈. 첨가물이 많아 치즈 본연의 풍미가 약하고 영양 면에서도 자연 치즈에 미치지 못합니다.

치즈 본연의 맛을 느끼고 싶다면 자연 치즈를 선택해 보세요.

치즈는 개봉 후 최대한 빨리 소진해야 합니다. 따라서 소량씩 소분되어 있는 제품이 좋아요. 남은 치즈는 랩으로 단단히 감싼 후 밀폐 용기에 담아 냉장 또는 냉동 보관하세요.

| 이 책에서 사용한 치즈

치즈 종류	특징	형태	활용 레시피
체다	- 진하고 짭조름한 맛 - 단단한 질감 - 열을 가하면 고소한 향이 깊어짐		146p, 254p, 256p, 258p, 268p
페타	- 짭조름하고 새콤한 맛 - 부서지는 질감 - 샐러드, 파스타, 빵의 토핑 등에 사용		28p, 32p, 44p, 234p, 260p
모차렐라	- 부드럽고 담백한 맛 - 잘 녹는 질감 - 열을 가하면 쫀득하게 늘어남 - 피자, 라자냐, 샐러드 등에 사용		26p
파마산	- 짭조름하고 깊은 풍미 - 단단한 질감 - 파스타, 리소토, 수프 등 요리 마무리용으로 주로 사용		70p, 96p, 118p, 222p, 262p, 266p
그뤼에르	- 짭조름하고 고소한 맛 - 잘 녹아서 수프, 그라탱, 퐁뒤 등에 사용		152p, 258p
부라타	- 짠맛이 거의 없고 은은한 단맛 - 겉은 부드러운 모차렐라, 속은 부드러운 생크림 같은 질감 - 샐러드나 부르스케타 등에 사용		230p
브리	- 크리미하고 고소한 맛 - 부드러운 껍질 - 과일, 견과류, 크래커 등에 사용		82p

요리용 동물성 오일 만들기

우리가 평소에 많이 소비하는 지방은 크게 식물성, 동물성으로 분류합니다. 제가 요리용으로 사용하는 식물성 오일은 올리브오일, 코코넛오일, 아보카도오일 정도. 씨앗에서 추출한 오일은 세포 손상, 염증, 만성 질환을 일으킬 수 있어 저는 사용하지 않아요.

요리용으로 즐겨 사용하는 동물성 오일은 기버터, 라드유입니다. 버터나 라드유는 해로운 지방이라는 오해를 오랫동안 받아 왔는데, 그렇지 않다는 연구 결과가 다양하게 나오고 있어요. 특정 식재료의 위상은 여러 요인에 따라 달라집니다. 직접 공부하고 의심하고, 본인이 확신을 가지고 실천하는 게 중요한 요즘입니다.

기버터

라드유

키토제닉, 저탄고지 식단, 방탄 커피 덕분에 많이 알려진 기버터. 기버터는 일반 버터에서 수분, 단백질(카제인), 유당(락토스)을 제거한 순수 지방에 가까운 형태입니다. 카제인과 유당은 복통이나 장누수증후군의 원인으로 알려져 있는데요, 유제품에 민감하거나 소화 기관이 약하다면 기버터 형태로 드시는 게 좋습니다. 물이나 고형물이 제거되었기 때문에 보관 기간이 긴 것도 장점. 무엇보다 일반 버터로 요리하면 발연점이 낮아 금방 타는 반면, 기버터는 발연점이 높아(250℃ 정도) 모든 요리에 사용 가능해요. 이 책에서 사용하는 버터는 모두 기버터로 대체해서 사용해도 됩니다.

라드유는 고소하고 감칠맛이 좋으며 무엇보다 발연점이 높아 볶음 요리, 김치볶음밥, 부침개, 중식 등 대부분의 요리에 사용 가능합니다. 서양에서는 베이킹에도 활용하는 재료예요. 올레산, 비타민D, E, 항산화 성분이 가득해서 평소 요리에 다양하게 활용하고 있습니다. 라드유는 살코기가 붙어 있지 않은 순수 비계로 만들어요. 자른 비계, 다진 비계 둘 다 사용 가능한데, 비계 크기가 작아야 기름이 빨리 추출되므로 다진 비계가 아닌 이상 잘게 잘라 사용합니다.

| 기버터 만드는 방법

재료 □ 앵커 버터 1개(454g)

1 버터를 적당한 크기로 잘라 냄비에 넣는다.

Tip 바닥이 두꺼운 냄비를 사용해야 안정적으로 끓일 수 있다.

2 중불에서 버터를 녹인다.

3 버터가 모두 녹으면 약불로 줄이고, 이때부터 25분 끓인다.

Tip 불이 너무 약해도, 세도 안 된다.

4 중간에 젓거나 거품을 제거하지 않아도 된다.

Tip 끓이면서 발생하는 거품은 단백질(카제인), 바닥에 하얗게 달라붙는 건 유당(락토스)이다.

5 냄비 바닥이 타지 않고(살짝 눌어붙는 건 괜찮다) 액체가 황금색으로 변하면 된다.

Tip 바닥에 탄 듯한 진한 덩어리가 많이 생겼다면 너무 오래 끓인 것이다.

6 찌꺼기를 거른다. 거르고 나면 본인이 사용한 버터의 75% 전후로 기버터가 만들어진다.

Tip 면포, 다시백, 커피 필터, 체망 등을 사용한다.

7 실온에서 완전히 식힌 후 뚜껑을 닫아 냉장실에서 굳힌다.

Tip 선선한 실온에서 굳혀도 되나, 시간이 오래 걸린다.

8 냉장실에서는 단단히 굳기 때문에 실온에 보관하며 사용한다.

Tip 실온에서 3개월, 냉장으로 1년 정도 보관 가능하다.

재료 ☐ 돼지 비계 500g ☐ 물 400mL

1 냄비에 비계, 물을 넣는다.

Tip 물은 비계가 충분히 잠길 정도로 넣는다.

2 중불에서 끓인다.

3 보글보글 끓기 시작하면 약불로 줄이고, 이때부터 1시간 정도 끓인다.

Tip 계속 저을 필요는 없고 가끔 저어 준다.

4 처음에는 사골 국물 같은 뽀얀 물이지만 나중에는 투명한 오일만 남는다.

Tip 기름에서 튀기는 소리가 나면 수분이 모두 증발한 것이다.

5 비계가 연한 갈색을 띠며 살짝 튀겨진 상태가 되면 된다.

Tip 비계가 너무 노릇노릇해지기 전에 꺼낸다.

6 찌꺼기를 거른다. 거르고 나면 본인이 사용한 비계의 60% 전후로 오일이 추출된다.

Tip 커피 필터, 체망 등을 사용한다.

7 실온에서 완전히 식힌 후 뚜껑을 닫아 냉장실에서 굳힌다.

8 실온에서는 금방 녹기 때문에 냉장실에 보관한다.

Tip 6개월 정도 냉장 보관 가능하다.

PART 1

샐러드

SALAD

토마토 마리네이드 ○ 카프레제 샐러드 ○ 그릭 샐러드 ○ 병아리콩 샐러드(그릭 요거트 드레싱) ○ 병아리콩 샐러드(올리브오일 드레싱) ○ 당근 라페 ○ 당근 김치 ○ 감자 샐러드 ○ 레몬 감자 샐러드 ○ 지중해식 감자 샐러드 ○ 버섯 샐러드 ○ 버섯 마리네이드 ○ 야채 마리네이드 ○ 오이 샐러드 ○ 오이 마리네이드 ○ 비트 샐러드 ○ 파파야 샐러드 ○ 월도프 샐러드 ○ 쉬라지 샐러드 ○ 양배추 라페 ○ 코울슬로 ○ 쌀국수 샐러드 ○ 멕시칸 콘 샐러드 ○ 미니 파프리카 마리네이드 ○ 구운 미니 파프리카 ○ 파프리카 마리네이드 ○ 퀴노아 샐러드 ○ 슈림프 샐러드 ○ 부록① 무반죽 식사빵

토마토 마리네이드

Marinated Tomato

토마토를 100배 맛있게 먹을 수 있는 레시피입니다. 양념이 충분히 배려면 번거롭더라도 껍질을 벗기고 만드는 것을 추천해요. 일반 샐러드에, 담백한 식사빵에 토핑처럼 올려 먹어도 좋습니다. 불고기용 얇은 고기나 차돌박이에 쌈처럼 싸서 먹으면 고기를 느끼하지 않고 상큼하게 드실 수 있어요.

주재료

□ 방울토마토 500g

드레싱

□ 양파 100g

□ 올리브오일 30mL

□ 레몬즙 10mL

□ 발사믹식초 10mL

□ 꿀 10mL

□ 소금 3g

Tip

◆ 방울토마토에 넣는 칼집은 너무 깊게 낼 필요 없습니다.

◆ 방울토마토는 너무 오래 데치면 물러져요.

◆ 시큼한 맛을 좋아한다면 레몬과 발사믹식초를 더 넣어 주세요.

◆ 냉장실에서 반나절 정도 숙성 후 드시는 게 훨씬 맛있습니다.

◆ 냉장 보관 일주일까지도 상하지는 않지만 3일 정도까지가 맛, 식감이 가장 좋아요. 냉장 보관 시 올리브오일이 살짝 굳을 수 있는데 이는 자연스러운 현상입니다. 실온에 꺼내 두면 금방 풀어져요.

1 방울토마토는 꼭지를 따고, 꼭지 쪽에 X자로 얕은 칼집을 넣는다. 양파는 다진다.

2 방울토마토를 끓는 물에 20~30초 데친다. 흐르는 찬물로 열기를 식히고 껍질을 벗긴다.

3 드레싱 재료를 모두 섞는다.

4 믹싱 볼에 방울토마토와 드레싱을 넣고 고루 섞는다.
Tip 토마토가 으깨지지 않게 살살 섞는다.

카프레제 샐러드

Caprese Salad

편으로 썬 큰 토마토와 모차렐라 치즈를 하나씩 겹쳐 접시에 둘러 만드는 카프레제는 먹기 불편해서, 저는 작은 크기 재료로 만드는 걸 선호합니다. 양념을 위에 두르는 게 아니라 전체적으로 미리 섞어야 고루 간이 배어 맛있어요.

주재료

☐ 방울토마토 500g
☐ 모차렐라 치즈 250g

드레싱

☐ 올리브오일 30mL
☐ 레몬즙 15mL
☐ 홀그레인 머스터드 15g
☐ 다진 마늘 5g
☐ 건허브 0.5g
☐ 소금 2g
☐ 후추 적당량

추가 재료

☐ 바질 5~10g
☐ 발사믹 글레이즈 적당량

Tip

◆ 저는 벨지오이오소 모차렐라 스낵킹 치즈를 사용합니다. 큰 모차렐라 치즈는 한번 개봉하면 빨리 소진해야 하는데, 스낵킹 치즈는 이미 작은 크기로 소분되어 있어 편리해요.

◆ 건허브는 파슬리, 타임, 오레가노 등 좋아하는 것으로 사용하세요.

◆ 드레싱은 미리 섞어 밑간을 해야 맛있습니다.

◆ 발사믹 글레이즈는 생략 가능하나 넣으면 맛이 한층 풍부해져요.

◆ 이틀 정도 냉장 보관 가능하나 만든 당일 먹는 게 가장 맛있습니다. 며칠 냉장 보관하려면 바질, 발사믹 글레이즈는 먹기 직전 올리는 게 좋아요.

1 방울토마토, 모차렐라 치즈는 반 갈라서 준비한다.

Tip 치즈를 좋아하면 더 추가해도 된다.

2 드레싱 재료를 모두 섞는다.

3 믹싱 볼에 방울토마토, 모차렐라 치즈, 드레싱을 모두 넣어 섞는다.

4 그릇에 옮긴 후 발사믹 글레이즈, 바질을 올려 완성한다.

그릭 샐러드

Greek Salad

그리스 본토에서 맛본 바로 그 맛이라고 극찬 받는 샐러드입니다. 몇 가지 재료는 생략 가능하지만 토마토, 오이, 올리브, 페타 치즈는 필수 재료예요.

주재료

☐ 방울토마토 250g

☐ 오이 150g

☐ 적양파 50g

☐ 페타 치즈(블록) 100g

☐ 올리브 50g

드레싱

☐ 올리브오일 30mL

☐ 레몬즙 30mL

☐ 꿀 10mL

☐ 다진 마늘 5g

☐ 소금 1g

☐ 다진 딜 2g

Check

◆ 비건으로 만들고 싶다면 페타 치즈 대신 병아리콩, 꿀 대신 메이플시럽으로 대체하면 됩니다.

◆ 허브는 생략 가능한 재료이나 약방에 감초 역할을 하는 재료예요. 그릭 샐러드에는 오이와 잘 어울리는 딜을 많이 넣지만 호불호가 강한 허브라 바질, 오레가노, 파슬리 등으로 대체해도 됩니다.

Tip

◆ 큰 토마토 사용 시, 과즙이 많이 나와 드레싱이 연해질 수 있어요.

◆ 꿀은 생략 가능합니다.

◆ 5일 정도 냉장 보관 가능하지만 최대한 빨리 먹는 게 좋아요.

1 드레싱 재료를 모두 섞어 사용 직전까지 냉장실에서 숙성한다.

2 방울토마토는 반 가르고, 오이는 양쪽 꼭지 제거 후 반 갈라 1cm 두께로 자른다. 양파는 얇게 채 썬다.

3 페타 치즈는 사방 1cm 정사각형으로 자른다.

4 믹싱 볼에 손질한 재료와 드레싱을 모두 넣어 고루 섞는다.

병아리콩 샐러드(그릭 요거트 드레싱)

Chickpea Salad(Greek Yogurt Dressing)

영양도 맛도 완벽한 슈퍼 푸드, 병아리콩. 그냥 삶아서 샐러드 토핑으로만 드셨다면 그릭 요거트 베이스 샐러드로 만들어 보세요. 병아리콩 소진용으로 만들었다가 맛있어서 병아리콩 또 구입했다는 후기도 들리는 샐러드입니다.

주재료

☐ 삶은 병아리콩 200g
　(건조 병아리콩 100g)

드레싱

☐ 그릭 요거트 80g

☐ 마요네즈 20g

☐ 홀그레인 머스터드 5g

☐ 다진 마늘 5g

☐ 소금 1g

☐ 다진 파슬리 5g

☐ 후추 적당량

Tip

◆ 병아리콩은 불리고 삶는 과정이 필수입니다. 이 과정이 번거롭다면 한 번에 많이 삶은 후 냉동 보관하여 필요할 때마다 해동해서 사용하세요.

◆ 통조림 병아리콩 사용 시, 200g을 사용하면 됩니다.

◆ 그릭 요거트는 꾸덕한 것으로 사용하세요.

◆ 5일 정도 냉장 보관 가능합니다.

1　건조 병아리콩에 물을 부어 콩이 2배 이상 부풀 때까지 12시간 정도 충분히 불린다.

2　냄비에 옮겨 중불에서 끓이다가 보글보글 끓기 시작하면 약불로 줄여 1시간 정도 충분히 끓인다.

3　콩은 체에 밭아 최대한 물기를 제거하고, 드레싱 재료는 모두 섞는다.

4　믹싱 볼에 병아리콩과 드레싱을 넣어 고루 섞는다.

병아리콩 샐러드(올리브오일 드레싱)

Chickpea Salad(Olive Oil Dressing)

그릭 요거트 베이스 병아리콩 샐러드가 크리미함과 조금은 알싸함이 공존하는 맛이라면, 올리브오일 베이스 병아리콩 샐러드는 상큼한 맛이 극대화된 샐러드입니다.

주재료

☐ 삶은 병아리콩 200g
  (건조 병아리콩 100g)

☐ 페타 치즈(크럼블) 30g

드레싱

☐ 올리브오일 40mL

☐ 레몬즙 20mL

☐ 레몬 제스트 3g

☐ 다진 마늘 5g

☐ 소금 1g

☐ 다진 파슬리 5g

☐ 후추 적당량

Check

◆ 저는 페타 치즈를 사용했지만 좋아하는 치즈(짭조름한 맛)로 변경 가능합니다.

Tip

◆ 페타 치즈는 염소젖, 양젖을 섞어 소금물에 절인 짭조름한 연성 치즈로, 보통 블록 형태, 크럼블(부서진) 형태로 판매합니다. 이 레시피에서는 크럼블 형태로 사용하는 게 편해요.

◆ 5일 정도 냉장 보관 가능합니다.

1 건조 병아리콩에 물을 부어 콩이 2배 이상 부풀 때까지 12시간 정도 충분히 불린다.

2 냄비에 옮겨 중불에서 끓이다가 보글보글 끓기 시작하면 약불로 줄여 1시간 정도 충분히 끓인다. 콩은 체에 밭아 최대한 물기를 제거한다.

3 블록 형태 페타 치즈 사용 시, 포크로 치즈를 으깨 크럼블 형태로 만들어 사용한다.

4 드레싱 재료를 모두 섞은 후 믹싱 볼에 병아리콩, 드레싱, 페타 치즈를 넣어 고루 섞는다.

당근 라페

Carrot Rapee

프랑스 레스토랑이나 마트에서 흔히 볼 수 있는 당근 라페. 언젠가부터 우리나라에서도 샌드위치에 필수로 들어가는 재료가 된 것 같아요. 당근 라페는 맛있는 당근으로 만드는 게 중요합니다. 저는 제주도 구좌 당근이 맛있었는데, 여러분도 맛 좋은 당근으로 한번 만들어 보세요.

주재료

☐ 당근 180g

드레싱

☐ 올리브오일 45mL

☐ 레몬즙 30mL

☐ 다진 파슬리 15g

☐ 소금 1g

☐ 후추 적당량

Tip

◆ 유기농 당근 사용 시, 껍질째 사용해도 됩니다.

◆ 당근 라페에 설탕이나 홀그레인 머스터드를 넣어도 되지만 당근 고유의 맛을 느끼고 싶어 이 레시피에서는 생략했어요.

◆ 일주일 정도 냉장 보관 가능합니다.

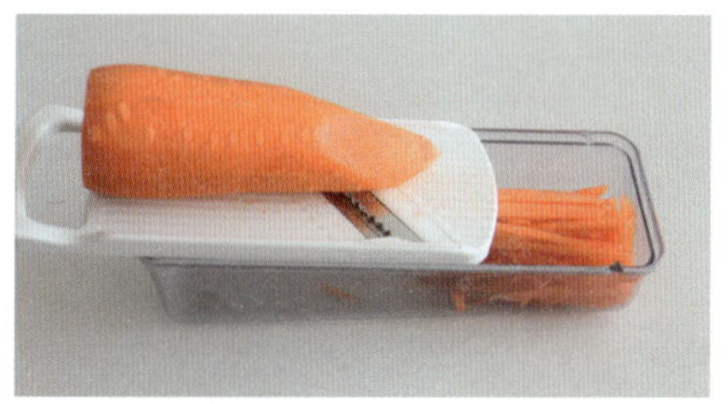

1 당근은 껍질과 꼭지를 제거하고 얇게 채 썰어 준비한다.

2 드레싱 재료를 모두 섞는다.

3 믹싱 볼에 당근과 드레싱을 넣어 고루 섞는다.

당근 김치

Carrot Kimchi

19세기 말, 중앙아시아 일대로 이주한 고려인에 의해 현지화된 마르코프차, 일명 당근 김치입니다. 수분을 제거해 아삭하고 새콤매콤해서 한국 사람이라면 좋아할 맛이에요.

주재료

☐ 당근 700g

☐ 소금 17g

마늘 기름

☐ 올리브오일 65mL

☐ 다진 마늘 30g

드레싱

☐ 식초 45mL

☐ 고춧가루 8g

☐ 꿀 15mL

☐ 후추 적당량

Tip

◆ 유기농 당근 사용 시, 껍질째 사용해도 됩니다.

◆ 당근을 손으로 짤 때 어느 정도 수분이 남아 있어야 촉촉하게 드실 수 있어요.

◆ 바로 먹어도 되지만 냉장실에서 반나절 숙성 후 먹는 게 훨씬 맛있습니다.

◆ 일주일 정도 냉장 보관 가능합니다.

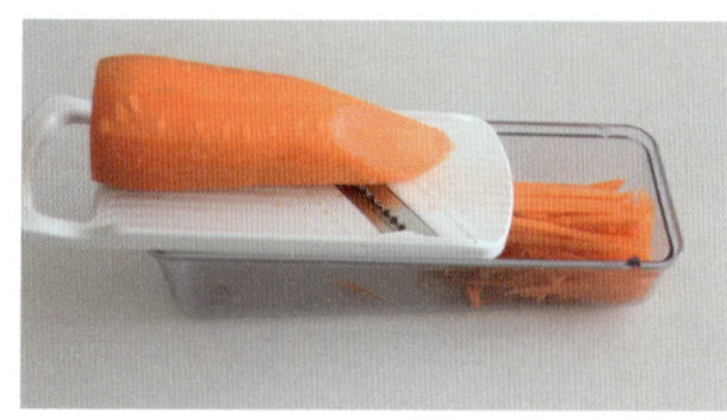

1 당근은 껍질과 꼭지를 제거하고 얇게 채 썰어 준비한다.

2 당근에 소금을 넣어 고루 섞고 실온에서 30분 절인다. 30분 후 손으로 물기를 짜서 준비한다.

3 중강불에서 올리브오일과 마늘을 2분 정도 볶는다.

Tip 마늘은 온도가 올라가면 금방 타기 때문에 타지 않도록 주의한다.

4 믹싱 볼에 당근, 뜨거운 마늘 기름, 드레싱 재료를 모두 넣어 고루 섞는다.

Tip 더 매운 맛을 원한다면 고춧가루를 추가한다.

감자 샐러드

Potato Salad

레스토랑에서 먹던 맛이라는 극찬을 받은 감자 샐러드입니다. 우리나라에서는 감자 샐러드 드레싱을 마요네즈로만 만드는데, 그러면 조금 느끼할 수 있어요. 프렌치 드레싱으로 1차로 절이는 것과 마요네즈와 사워크림(또는 그릭 요거트)을 반씩 섞어 만드는 게 이 샐러드의 킥입니다.

주재료

- ☐ 감자 950g
- ☐ 소금 10g
- ☐ 양파 80g
- ☐ 셀러리 80g

프렌치 드레싱

- ☐ 올리브오일 45mL
- ☐ 생수 30mL
- ☐ 식초 30mL
- ☐ 다진 마늘 5g
- ☐ 홀그레인 머스터드 15g
- ☐ 설탕 4g
- ☐ 소금 2g
- ☐ 후추 적당량

메인 드레싱

- ☐ 사워크림 또는 그릭 요거트 60g
- ☐ 마요네즈 60g
- ☐ 소금 1g
- ☐ 후추 적당량

Check

- ◆ 식초가 없으면 레몬즙으로 대체하세요.

Tip

- ◆ 마지막 단계에서 재료를 섞을 때 감자의 가장자리가 조금 뭉개질 수 있지만 전혀 문제 없습니다.
- ◆ 바로 먹어도 되지만 다음날 먹으면 더 맛있어요.
- ◆ 일주일 정도 냉장 보관 가능합니다. 냉장 보관 후 실온에 꺼내 두었다가 실온 상태로 드세요.

1 감자는 깨끗하게 세척 후 껍질을 제거하고, 사방 2cm 크기로 자른다.

2 냄비에 감자를 넣고 감자가 잠길 정도의 물과 소금을 추가한다.

Tip 물은 감자를 기준으로 2cm 위까지 채운다.

3 물이 팔팔 끓기 시작하면 이때부터 4분 정도 더 끓인다.

Tip 너무 오래 익히면 안 된다. 4분 이후부터 20초 단위로 감자를 찔러 가며 익은 정도를 확인한다.

4 감자를 체에 밭아 물기를 제거한다.

5 프렌치 드레싱 재료를 모두 섞는다.

6 감자가 아직 뜨거울 때 프렌치 드레싱을 넣어 고루 섞는다.

7 이 상태로 실온에서 1~2시간 절인다.

8 양파는 곱게 다지고, 셀러리는 얇게 잘라 준비한다.

9 메인 드레싱 재료를 모두 섞는다.

10 감자에 메인 드레싱, 양파, 셀러리를 넣어 고루 섞는다.

11 이 상태로 실온에서 1시간 절인다.

레몬 감자 샐러드

Lemon Potato Salad

매년 6월이면 햇감자로 다양한 요리를 만드는 재미가 쏠쏠합니다. 좋은 햇감자는 껍질이 얇고 수분이 많아 어떤 요리를 해도 맛있어요. 마요네즈 베이스 감자 샐러드가 무거운 느낌이라면, 레몬 베이스 감자 샐러드는 가볍고 상큼하게 즐길 수 있습니다.

주재료

☐ 감자 400g

☐ 소금 5g

드레싱

☐ 올리브오일 30mL

☐ 레몬즙 30mL

☐ 레몬 제스트 6g

☐ 꿀 5mL

☐ 다진 마늘 5g

☐ 다진 파슬리 5g

☐ 소금 1g

☐ 홀그레인 머스터드 5g

☐ 후추 적당량

Tip

◆ 샐러드용으로는 작은 사이즈의 감자가 좋아요.

◆ 꿀은 생략 가능하지만 단맛이 조금 들어가야 맛의 조화가 좋아요.

◆ 바로 먹어도 되지만 최소 30분 정도(~반나절) 숙성 후 먹는 게 더 맛있습니다.

◆ 3일 정도 냉장 보관 가능하나 최대한 빨리 드세요. 며칠 후에 먹을 때 건조한 느낌이 들면 드레싱을 추가하면 됩니다.

1 드레싱 재료를 모두 섞어 실온에서 30분 이상 숙성한다.

2 냄비에 감자, 감자가 잠길 정도의 물, 소금을 넣고 감자를 삶는다.

Tip 감자는 젓가락으로 찔렀을 때 부드럽게 들어가는 정도로 삶는다.

3 감자를 미지근하게 식히고 껍질을 벗긴 후, 먹기 좋은 크기로 자른다.

Tip 감자 껍질은 안 벗겨도 된다.

4 믹싱 볼에 감자와 드레싱을 모두 넣어 고루 섞는다. 이 상태로 실온에서 30분 절인다.

지중해식 감자 샐러드

Greek Potato Salad

지중해식 샐러드의 특징은 신선한 재료 본연의 맛을 최대한 살리는 거예요. 뭐 하나 튀는 맛 없이 모든 재료가 정말 조화롭게 어울립니다. 이것만 단독으로 먹어도 충분히 한 끼가 되는 식사용 샐러드입니다.

주재료

☐ 감자 400g

☐ 소금 6g

☐ 방울토마토 100g

☐ 적양파 120g

☐ 올리브 50g

☐ 페타 치즈(크럼블) 60g

드레싱

☐ 올리브오일 30mL

☐ 레몬즙 30mL

☐ 다진 마늘 5g

☐ 다진 딜 5g

☐ 소금 2g

☐ 후추 적당량

Check

◆ 샐러드에는 단맛이 높고 덜 매운 적양파를 사용하지만 일반 양파로 대체해도 됩니다.

◆ 이 샐러드에는 크럼블 형태의 페타 치즈가 좋지만 블록 형태의 페타 치즈만 있다면 블록 페타 치즈를 포크로 으깨서 사용하세요.

◆ 레몬즙 대신 레드/화이트와인 비니거, 애플 사이다 비니거 등으로 대체 가능합니다.

Tip

◆ 3일 정도 냉장 보관 가능하나 최대한 빨리 드세요. 며칠 후에 먹을 때 건조한 느낌이 들면 드레싱을 추가하면 됩니다.

1 드레싱 재료는 모두 섞어 실온에서 30분 이상 숙성한다. 방울토마토는 반 가르고, 양파는 얇게 썰고, 올리브는 찬물에 헹궈 물기를 뺀다.

2 냄비에 감자, 감자가 잠길 정도의 물, 소금을 넣고 감자를 삶는다.

Tip 감자는 젓가락으로 찔렀을 때 부드럽게 들어가는 정도로 삶는다.

3 감자를 미지근하게 식히고 껍질을 벗긴 후, 먹기 좋은 크기로 자른다.

Tip 감자 껍질은 안 벗겨도 된다.

4 믹싱 볼에 감자, 방울토마토, 양파, 올리브, 페타 치즈, 드레싱을 모두 넣어 고루 섞는다. 이 상태로 실온에서 1시간 절인다.

버섯 샐러드

Mushroom Salad

맛과 식감이 좋고, 가격도 저렴한 새송이버섯으로 만든 서양식 버섯 샐러드입니다. 다양한 향신료가 들어가 굉장히 이국적인 맛이에요. 단독으로 혹은 반찬으로 먹어도 좋고, 샐러드 토핑, 토르티야, 샌드위치 필링으로도 좋습니다. 저는 밥에 넣어 볶음밥 토핑으로도 즐겨요.

주재료

□ 새송이버섯 370g

□ 올리브오일 적당량

드레싱

□ 올리브오일 15mL

□ 간장 30mL

□ 다진 마늘 10g

□ 파프리카 파우더 1.5g

□ 크러시드 레드 페퍼 1.5g

□ 쿠민 파우더 1.5g

□ 후추 적당량

Tip

◆ 파프리카 파우더는 은은한 매콤함을 주는 향신료입니다. 서양식에서는 붉은 컬러를 내기 위해 많이 사용해요. 파프리카 파우더만으로는 매콤함이 부족하므로 크러시드 레드 페퍼까지 넣어 풍미를 높입니다.

◆ 일주일 정도 냉장 보관 가능합니다.

1 드레싱 재료를 모두 섞는다.

2 버섯의 밑동을 제거한 후, 버섯의 위아래를 포크로 잘게 찢는다.

Tip 포크로 찢기 힘들다면 손으로 잘게 찢어도 된다.

3 올리브오일을 두른 팬에 버섯을 넣고 중강불에서 5분 정도 볶는다.

Tip 버섯에서 나온 수분이 거의 없어져야 한다.

4 버섯에 드레싱을 넣어 추가로 2분 볶는다.

버섯 마리네이드

Marinated Mushroom

입맛 없을 때 만들면 집 나간 입맛이 돌아오는 버섯 마리네이드. 단독으로 먹어도 좋지만 샐러드, 피자, 파스타, 버거 토핑으로도 좋아요. 저는 양송이버섯으로 만들었지만 새송이버섯, 표고버섯으로 만들어도 좋습니다. 건강하게 맛있는 맛!

주재료

☐ 양송이버섯 300g

☐ 물 1000mL

☐ 월계수 잎 3~4장

☐ 소금 2g

드레싱

☐ 다진 양파 50g

☐ 다진 마늘 5g

☐ 다진 파슬리 5g

☐ 페퍼론치노 2개

☐ 올리브오일 45mL

☐ 레몬즙 30mL

☐ 꿀 15mL

☐ 소금 1g

☐ 후추 적당량

Check

◆ 파슬리는 딜, 바질 등 좋아하는 허브로 대체 가능합니다.

◆ 레몬즙 대신 레드/화이트와인 비니거, 애플 사이다 비니거 등으로 대체 가능합니다.

Tip

◆ 열흘 정도 냉장 보관 가능합니다.

◆ 올리브오일은 낮은 온도에서 굳기 때문에 냉장실에서 꺼냈을 때 드레싱이 굳어 있다면 실온에서 잠깐 녹이면 됩니다.

1 드레싱 재료를 모두 섞는다.

2 양송이버섯의 꼭지를 제거한다.

Tip 꼭지가 아깝다면 채수나 국 끓일 때 활용하면 좋다.

3 월계수 잎, 소금을 넣은 물이 끓으면 양송이버섯을 넣어 중약불에서 3분 데친 후, 체에 밭아 물기를 제거한다.

4 양송이버섯이 아직 따뜻할 때 드레싱을 넣고 잘 섞는다. 이 상태로 냉장실에서 최소 1시간 (최대 24시간) 절인다.

야채 마리네이드

일주일에 한 번, 자투리 야채를 한데 모아 만드는 야채 마리네이드. 야채를 구우면 당도가 올라가 더 맛있어집니다. 이 레시피에서 제시한 재료 외에도 애호박(또는 주키니), 아스파라거스, 가지 등 집에 있는 자투리 야채를 사용해도 좋아요. 잎채소를 제외한 대부분의 야채로 가능합니다.

주재료

☐ 방울토마토 200g

☐ 양송이버섯 200g

☐ 적양파 200g

☐ 당근 150g

☐ 빨간 파프리카 150g

☐ 노란 파프리카 150g

☐ 브로콜리 150g

드레싱

☐ 올리브오일 30mL

☐ 발사믹식초 45mL

☐ 레몬즙 15mL

☐ 레몬 제스트 6g

☐ 다진 마늘 10g

☐ 소금 4g

☐ 후추 적당량

Tip

◆ 기호에 따라 꿀이나 좋아하는 건허브를 추가해도 좋습니다.

◆ 오븐 사양에 따라 오븐 온도, 굽는 시간은 상이해요.

◆ 스메그 오븐 기준으로 한 번에 구울 수 있는 야채 총 1.2kg을 사용했습니다. 오븐이 작다면 여러 번 나눠 굽거나 야채 양을 줄여서 구워 주세요.

◆ 5일 정도 냉장 보관 가능하지만 최대한 빨리 드세요.

1 방울토마토를 제외한 모든 야채는 사방 2cm 정도의 비슷한 크기로 잘라 준비한다.
Tip 크기가 비슷해야 고루 익는다.

2 드레싱 재료를 모두 섞은 후 믹싱 볼에 야채, 드레싱을 넣어 고루 섞는다. 15분에 한 번씩 위아래를 섞어 가며 실온에서 2시간 절인다.

3 오븐용 팬에 최대한 겹치지 않게 재료를 모두 올린다.

4 오븐을 200도로 예열 후, 동일 온도에서 야채가 부드러워질 때까지 15분 굽는다.

오이 샐러드

여름에는 떨어지지 않게 만들어 두는 상큼아삭한 클래식한 여름 샐러드입니다. 외국에서는 홈 파티, 바비큐 파티, 포틀럭 파티 등에서 사이드 디시로 많이 나오는 메뉴예요. 절이는 음식이긴 하지만 보통 '샐러드'로 불러요.

주재료

☐ 오이 440g

☐ 소금 5g

☐ 적양파 100g

☐ 다진 딜 3g

절임액

☐ 설탕 50g

☐ 식초 160mL

☐ 물 90mL

Check

◆ 딜이 없으면 다른 허브로 대체 가능해요.

Tip

◆ 양조 식초에 비해 애플 사이다 비니거는 신맛이 조금 부드러워요. 입맛에 따라 사용하면 됩니다.

◆ 만든 당일에 먹는 게 가장 좋고, 냉장 보관 3일까지가 가장 맛있습니다.

1 오이와 양파는 0.3cm 두께로 얇게 썬다.
Tip 오이 양 끝은 쓴맛이 나므로 사용하지 않는다.

2 오이에 소금을 넣고 위아래로 가볍게 섞은 후 실온에서 1시간 절인다. 절이고 나면 즙은 버리고 오이만 사용한다.

3 냄비에 절임액 재료를 넣고 저어 가며 강불에서 3분 끓인다.

4 믹싱 볼에 오이, 양파, 딜, 뜨거운 절임액을 모두 넣고 가볍게 섞는다. 보관 용기에 넣고 냉장실에서 최소 2시간 절인다.

오이 마리네이드

독일에서는 주로 슈니첼에 곁들여 먹는 샐러드인데 육류나 생선 요리의 사이드로 좋아요. 유럽에서는 보통 쿠킹 크림으로 만들지만 사워크림이나 그릭 요거트로 대체해서 만들어도 됩니다. 독일에서 먹던 맛과 매우 흡사하다는 후기도 많은 레시피입니다.

주재료

- □ 오이 450g
- □ 소금 6g

드레싱

- □ 사워크림 또는
  그릭 요거트 140g
- □ 레몬즙 25mL
- □ 다진 딜 3g
- □ 설탕 10g
- □ 다진 마늘 5g

Check

◆ 레몬즙 대신 애플 사이다 비니거로 대체 가능합니다.

Tip

◆ 이틀 정도 냉장 보관 가능합니다.

1 오이를 0.1cm 두께로 얇게 썬다.
Tip 오이 양 끝은 쓴맛이 나므로 사용하지 않는다.

2 오이에 소금을 넣고 위아래로 가볍게 섞은 후 실온에서 1시간 절인다.

3 키친타월 위에 오이를 올리고 꾹꾹 눌러 수분을 최대한 제거한다.
Tip 수분을 최대한 제거해야 드레싱이 덜 묽어진다.

4 드레싱 재료를 모두 섞는다. 믹싱 볼에 오이와 드레싱을 넣고 섞은 후 위생 랩을 씌운다. 냉장실에서 최소 8시간 이상 절인다.

비트 샐러드

혈액 순환 개선, 혈전 녹이기, 혈압 저하 효과 등 비트는 혈관 청소부라 불리는, 혈관에 최적화된 식재료입니다. 비트는 특유의 흙 냄새가 있어 익혀야 단맛이 오르고 훨씬 맛있어져요. 비트를 싫어하는 분들도 맛있게 먹을 수 있는 샐러드입니다. 단 고칼륨 환자, 신장이 안 좋은 분들은 비트 섭취에 유의하세요.

주재료

□ 비트 470g

드레싱

□ 올리브오일 30mL

□ 발사믹식초 30mL

□ 홀그레인 머스터드 15g

□ 다진 마늘 5g

□ 다진 파슬리 3g

□ 소금 3g

□ 후추 적당량

Tip

◆ 저는 유기농 비트를 껍질째 사용하지만 껍질을 벗겨 사용해도 됩니다.

◆ 영양 손실을 최소화하기 위해 비트를 통째로 쪘습니다. 비트는 크기에 따라 찌는 시간이 달라져요. 단맛을 더 올리고 싶다면 최대 1시간 정도 쪄도 됩니다.

◆ 바로 먹어도 되지만 냉장실에서 3시간 정도 숙성 후(길면 하루 정도) 드시는 게 훨씬 맛있어요.

◆ 일주일 정도 냉장 보관 가능합니다.

1 비트는 깨끗하게 씻어 껍질을 제거하지 않고 준비한다. 물이 팔팔 끓으면 찜기에 비트를 통째로 올린다.

2 찜기 뚜껑을 닫고 중강불에서 15분, 뒤집어서 15분 해서 총 30분 찐다.

Tip 비트가 크다면 1시간 정도 쪄도 된다.

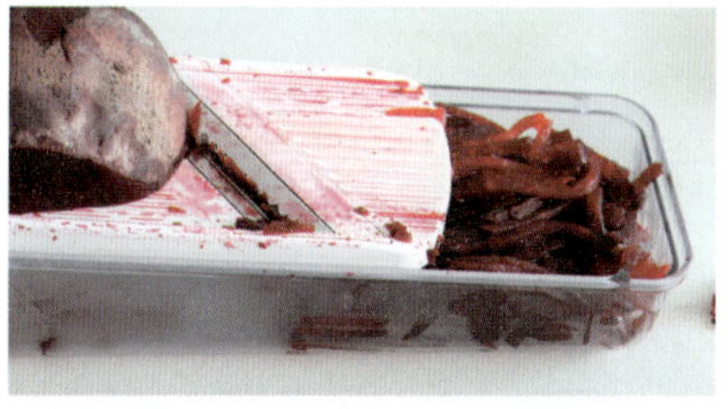

3 익은 비트를 꺼내어 양쪽 잔뿌리를 자른 후 껍질째 얇게 채 썬다.

Tip 비트를 썰 때 손에 물들 수 있으므로 위생 장갑을 끼고 손질한다.

4 드레싱 재료를 모두 섞는다. 믹싱 볼에 채 썬 비트와 드레싱을 넣어 고루 섞는다.

파파야 샐러드

동남아 여행 가면 꼭 먹는 상큼·아삭·짭조름한 솜땀. 우리나라에서 사 먹으면 작은 접시 하나에 만 원이 훌쩍 넘는 그린 파파야 샐러드입니다. 다소 생소한 재료는 우리나라에서 쉽게 대체할 수 있는 재료도 같이 알려 드려요. 단, 재료를 대체하면 오리지널 샐러드 맛과는 조금 달라집니다.

주재료

- ☐ 그린 파파야 550g
- ☐ 당근 100g
- ☐ 방울토마토 120g
- ☐ 롱 빈 또는 그린 빈 50g
- ☐ 땅콩 분태 50g

드레싱

- ☐ 버드 아이 칠리 또는
  홍고추 10g
- ☐ 마늘 10g
- ☐ 건새우 5g
- ☐ 팜슈거 또는 백설탕 36g
- ☐ 라임즙 또는 레몬즙 45mL
- ☐ 피시 소스 또는
  멸치액젓 45mL

Check

◆ 그린 파파야는 콜라비로 대체 가능하고, 롱 빈, 땅콩 분태는 생략 가능합니다.

Tip

◆ 조금 짭조름하게 먹는 샐러드지만 짠맛이 싫다면 피시 소스 또는 멸치액젓은 2큰술부터 넣어 맛본 후, 간이 부족하면 1큰술 추가하세요.

◆ 그린 파파야와 당근은 얇아야 간이 잘 배지만 아삭한 식감을 즐기려면 조금 두껍게 썰어도 괜찮아요.

◆ 드레싱을 섞은 파파야는 시간이 갈수록 아삭함이 없어집니다. 이게 싫다면 먹기 직전에 드레싱을 섞어 주세요.

◆ 하루 정도 냉장 보관 가능합니다.

1 고추와 마늘을 곱게 빻은 후, 건새우를 넣어 숨이 죽을 때까지 조금 빻는다. 이외 드레싱 재료를 모두 넣고 설탕이 녹을 때까지 고루 섞는다.

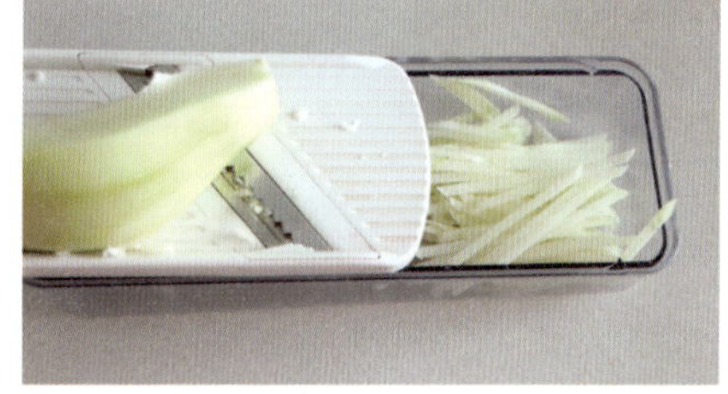

2 그린 파파야는 껍질을 벗기고 반 갈라 씨를 뺀 후 채 썬다. 당근도 같은 두께로 채 썬다. 방울토마토는 반 갈라서 조금 빻아 사용한다.
Tip 빻아야 드레싱이 잘 스며든다.

3 소금을 넣은 끓는 물에 그린 빈을 넣고 2분 데친다. 밀대로 조금 빻고 3~5cm 길이로 자른다.

4 믹싱 볼에 모든 재료를 넣어 고루 섞는다.

월도프 샐러드

Waldorf Salad

미국 뉴욕, 월도프 아스토리아 호텔에서 1893년 시작한 샐러드입니다. 이 호텔의 주방장이 처음 개발했다고 하는데요, 우리가 보통 과일 사라다라고 부르는 익숙한 그 맛. 미국에서는 보통 양상추 또는 상추 같은 잎채소를 바닥에 깔고 그 위에 월도프 샐러드를 올려 서빙합니다.

주재료

☐ 사과 530g

☐ 셀러리 100g

☐ 건포도 60g

☐ 호두 또는 피칸 80g

드레싱

☐ 마요네즈 120g

☐ 레몬즙 10mL

☐ 설탕 5g

☐ 소금 1g

Check

◆ 생포도가 있으면 반 갈라 100g 정도 넣어 주시고, 없으면 건포도로 대체하세요.

Tip

◆ 견과류는 구워야 더 고소해져요. 오븐이 없다면 프라이팬에서 볶아 주세요.

◆ 오리지널 레시피에서는 호두를 사용하지만 저는 피칸이 더 맛있어서 피칸으로 대체했어요.

◆ 오리지널 레시피에서는 마요네즈를 사용합니다. 더 건강하게 먹고 싶다면 마요네즈와 그릭 요거트를 반씩 섞어서 사용하세요. 단, 크리미함이 줄고 약간 묽은 식감이 됩니다.

◆ 3일 정도 냉장 보관 가능합니다.

1 견과류는 170도로 예열한 오븐에서 10분 정도 굽는다. 구운 견과류가 어느 정도 식으면 먹기 좋은 크기로 자른다.

2 사과는 사방 1.5cm 크기로, 셀러리는 0.5cm 두께로 자른다.

3 드레싱 재료를 모두 섞는다.
Tip 설탕과 소금 알갱이가 거의 없어질 때까지 섞는다.

4 믹싱 볼에 모든 재료를 넣어 고루 섞는다.

쉬라지 샐러드

Shirazi Salad

이란 남부 지역에서 유래한 샐러드입니다. 야채와 과일의 색을 결정하는 것이 항산화 물질로 이루어진 파이토케미컬인데요,
여름에 쉽게 구할 수 있는 재료로 만들어 파이토케미컬이 풍부한 샐러드입니다. 재료 본연의 맛을 살리기 위해 드레싱 간을
세지 않게 해서 담백한 맛입니다. 차게 먹어야 맛있어요.

주재료

□ 토마토 330g

□ 오이 330g

□ 적양파 100g

□ 파프리카 80g

드레싱

□ 올리브오일 45mL

□ 라임즙 또는 레몬즙 60mL

□ 소금 3g

□ 건허브 3g

□ 후추 적당량

Check

◆ 적양파는 매운맛이 덜해 샐러드에 주로 사용하나 일반 양파도 사용 가능합니다.

◆ 건허브, 생허브 모두 사용 가능합니다.

◆ 오리지널 쉬라지 샐러드에는 민트를 넣지만 민트를 싫어한다면 파슬리로 대체하세요.

Tip

◆ 저는 오리지널 레시피 그대로 먹지만 한국인 입맛에는 조금 심심할 수 있습니다. 조금 더 가미하고 싶다면 꿀 20g(1큰술), 머스터드 15g(1큰술)을 추가하세요.

◆ 3일 정도 냉장 보관 가능합니다. 다양한 야채가 들어가 즙이 많이 생기니 즙까지 맛있게 드세요.

1 토마토는 사방 0.5cm 크기로 잘라 체에 20분 정도 밭아 즙을 제거한다.

Tip 나오는 즙은 버리지 말고 주스처럼 마시면 된다.

2 오이, 양파, 파프리카는 사방 0.5cm 크기로 자른다.

3 드레싱 재료를 모두 섞은 후, 믹싱 볼에 모든 야채와 드레싱을 넣어 고루 섞는다.

4 30분에 한 번씩 위아래로 뒤적이며 냉장실에서 2시간 절인다.

양배추 라페

Cabbage Rapee

당근 라페 만들어 드시는 분 계시죠? 비슷한 드레싱으로 양배추 라페도 만들어 보세요. 아삭아삭 상큼해서 샐러드 토핑이나 샌드위치·버거 필링으로, 육류의 사이드 디시로 곁들여도 좋습니다.

주재료

☐ 양배추 250g

☐ 소금 3g

드레싱

☐ 레몬즙 30mL

☐ 레몬 제스트 6g

☐ 올리브오일 30mL

☐ 꿀 15mL

☐ 홀그레인 머스터드 20g

☐ 후추 적당량

Tip

◆ 라페는 달게 먹는 게 아니라서 꿀은 생략 가능합니다.

◆ 당일에 먹어도 되지만 다음 날 먹는 게 더 맛있습니다.

◆ 5일 정도 냉장 보관 가능합니다.

1 양배추를 얇게 채 썬 다음 소금을 넣어 고루 섞고 10분 절인다.

Tip 채칼을 사용해도 된다.

2 절인 양배추를 살짝 짜서 물기를 제거한다.

3 드레싱 재료를 모두 섞은 후, 믹싱 볼에 양배추와 드레싱을 넣어 고루 섞는다.

4 냉장실에서 1시간 정도 절인다.

코울슬로

네덜란드어인 코울슬로는 번역하면 '차가운 양배추 샐러드'라는 의미입니다. 보통 한국에서는 양배추를 소금에 절인 후 즙을 버리고 만들지만 외국에서는 대부분 절이지 않고 만들어요.

주재료

☐ 양배추 250g

☐ 당근 50g

드레싱

☐ 마요네즈 60g

☐ 식초 10mL

☐ 레몬즙 10mL

☐ 설탕 15g

☐ 소금 2g

☐ 레몬 제스트 3g

☐ 홀그레인 머스터드 5g

☐ 후추 적당량

Check

◆ 식초는 애플 사이다 비니거로 대체 가능합니다.

Tip

◆ 외국에서는 홀그레인 머스터드와 더불어 셀러리 씨드(향신료)도 추가합니다. 있으면 1g 정도 추가해 주세요.

◆ 코울슬로는 차게 먹어야 맛있어요.

◆ 5일 정도 냉장 보관 가능하지만 시간이 갈수록 수분이 나오기 때문에 이틀 정도까지가 가장 맛있습니다.

1　양배추는 0.5cm, 당근은 0.2cm 두께로 채 썬다.

2　드레싱 재료를 모두 섞는다.

3　믹싱 볼에 양배추, 당근, 드레싱을 넣어 고루 섞는다.

4　냉장실에서 최소 2시간 정도 절인다.

쌀국수 샐러드

Noodle Salad

집에 있는 재료로 만드는 상큼새콤한 감칠맛 가득 누들 샐러드입니다. 샐러드 자체만 먹어도 맛있지만 메인 음식의 곁들임 음식으로도 좋아요.

주재료

□ 쌀국수 100g

□ 양배추 100g

□ 당근 100g

□ 숙주 100g

□ 고수 10g

드레싱

□ 식초 30mL

□ 간장 30mL

□ 올리브오일 30mL

□ 꿀 15mL

□ 얇게 썬 파 20g

□ 다진 마늘 5g

□ 크러시드 레드 페퍼 2g

Check

◆ 주재료 야채는 오이, 파프리카, 셀러리, 새싹 채소 등 원하는 야채로 대체 가능합니다. 고수는 파슬리로 대체 가능해요.

◆ 식초는 애플 사이다 비니거, 레몬즙으로 대체 가능합니다.

Tip

◆ 저는 베트남 현지인이 추천한 사포코 버미셀리 쌀국수를 사용했어요. 국수를 삶는 시간은 브랜드마다 상이합니다. 제품 뒷면의 만드는 방법을 참고하세요. 저는 7분 정도 끓입니다.

◆ 실온 상태 또는 차가운 상태로 드세요. 냉장 보관 다음 날 먹는 게 더 맛있고, 이틀까지가 가장 맛있습니다.

1 드레싱 재료는 모두 섞어 10분 정도 숙성한다.

2 양배추, 당근은 0.5cm 두께로 채 썰고, 고수는 먹기 좋은 크기로 자른다. 숙주는 끓는 물에 넣고 1분 30초 데친다.

3 쌀국수는 원하는 식감이 될 때까지 끓인다. 찬물에 헹군 후 체에서 물기를 제거한다.

4 믹싱 볼에 쌀국수, 야채, 드레싱을 모두 넣어 가볍게 섞고 실온에서 15분 정도 절인 후 먹는다.

Tip 바로 먹으면 싱거울 수 있다.

멕시칸 콘 샐러드

굉장히 이국적인 맛이 나는 여름 단골 샐러드예요. 생옥수수, 통조림 옥수수 모두 사용 가능합니다. 고수는 호불호가 강한 허브라, 고수를 좋아하지 않는다면 생략하거나 좋아하는 허브로 대체해 주세요.

주재료

□ 옥수수알 450g

□ 적양파 50g

□ 고수 20g

□ 할라피뇨 30g

□ 다진 파 20g

□ 무염 버터 30g

□ 다진 마늘 5g

□ 소금 2g

□ 후추 적당량

□ 파마산 치즈 30g

드레싱

□ 사워크림 50g

□ 마요네즈 50g

□ 라임즙 20mL

Check

◆ 사워크림이 없으면 그릭 요거트, 라임즙이 없으면 레몬즙으로 대체 가능하지만 오리지널과 맛은 달라져요.

Tip

◆ 생옥수수 사용 시, 옥수수대에 가깝게 칼로 잘라 알만 떼어 사용하세요.

◆ 멕시코에서는 주로 멕시코 전통 치즈인 코티하 치즈를 토핑으로 올리지만 페타 치즈로 대체 가능합니다.

◆ 파마산 치즈는 생략 가능해요. 치즈를 생략하면 더 깔끔한 맛이 납니다.

◆ 하루 후에 먹는 게 더 맛있고, 보통 3일 정도 냉장 보관 가능합니다.

1 양파와 할라피뇨는 사방 1cm 크기, 고수는 큼지막한 크기로 자른다.

2 강불에서 버터를 녹인 후 마늘을 넣고 1분 볶는다.

3 옥수수를 넣고 중강불에서 5분 볶은 후, 소금과 후추를 넣고 3분간 추가로 볶는다.

4 드레싱 재료를 모두 섞은 후 믹싱 볼에 모든 야채, 파마산 치즈, 드레싱을 넣어 고루 섞는다.

미니 파프리카 마리네이드

Marinated Mini Pepper

미니 파프리카는 일반 파프리카보다 당도가 훨씬 높고 맛있습니다. 파프리카 마리네이드는 잎채소 위에 토핑으로 올려 먹거나 파스타, 피자와 함께 피클 대신 먹어도 좋아요.

주재료

□ 미니 파프리카 300g

□ 올리브오일 적당량

□ 다진 파슬리 10g

절임액

□ 차가운 생수 120mL

□ 식초 100mL

□ 다진 마늘 10g

□ 설탕 40g

□ 소금 10g

Tip

◆ 식초의 신맛을 설탕이 중화하기 때문에 절임액에는 설탕을 적당히 넣습니다. 이 절임액은 먹지 않습니다.

◆ 차게 먹어야 맛있고, 2주 정도 냉장 보관 가능합니다.

1 절임액 재료를 모두 섞는다.

2 팬에 올리브오일을 두른 후 중강불에서 파프리카를 굽는다.

Tip 사방을 돌려 가며 겉을 살짝 태우듯 8분 전후로 고루 굽는다.

3 용기에 파프리카와 파슬리를 넣고 절임액을 붓는다.

4 냉장실에서 12시간 절인다.

구운 미니 파프리카

이전의 미니 파프리카 요리처럼 장시간 절이는 게 아닌, 짧게 절여 먹는 요리입니다. 오븐에 구워야 소스가 금방 스며들기 때문에 프라이팬에 굽는 것으로 대체는 안 됩니다.

주재료

□ 미니 파프리카 300g

□ 다진 파슬리 10g

절임액

□ 올리브오일 30mL

□ 발사믹식초 30mL

□ 소금 5g

Tip

◆ 오븐에 굽는 시간은 파프리카 크기에 따라 달라집니다. 파프리카 부피가 줄면서 주름이 가기 시작하고, 겉이 중간중간 거무스름하게 변하면 오븐에서 꺼내세요.

◆ 오븐 사양에 따라 오븐 온도, 굽는 시간은 상이해요.

◆ 2주 정도 냉장 보관 가능합니다.

1   절임액 재료를 모두 섞는다.

2   오븐 용기에 파프리카와 절임액을 넣어 위 아래로 가볍게 섞는다.

3   오븐을 220도로 예열 후, 동일 온도에서 15 ~20분 굽는다.

4   파슬리를 추가하고 냉장실에서 최소 3시간 절인다.

파프리카 마리네이드

Marinated Pepper

파프리카가 이렇게까지 맛있어질 수 있는지 몰랐다는 후기가 많은 레시피입니다. 파프리카 껍질을 벗겨서 사용하기 때문에 식감은 부들부들, 단맛은 진해지고 훈연향이 더해져 훨씬 맛있습니다. 샐러드 토핑, 샌드위치나 버거 필링, 육류 곁들임 음식으로 올려도 좋아요.

주재료

□ 파프리카 600g

□ 다진 파슬리 10g

절임액

□ 올리브오일 45mL

□ 발사믹식초 15mL

□ 다진 마늘 10g

□ 소금 5g

Tip

◆ 오븐에 굽는 시간은 파프리카 크기에 따라 달라집니다. 파프리카가 전체적으로 검정색이 될 때까지 태우면 식감이 사라지므로 적당히 태우는 게 중요해요.

◆ 오븐 사양에 따라 오븐 온도, 굽는 시간은 상이해요.

◆ 파프리카는 오븐 대신 가스레인지 위에서 직화로 구워도 되지만 타지 않게 계속 지켜봐야 하고, 파프리카에서 즙이 나와 가스레인지가 지저분해질 수 있어요.

◆ 파프리카 껍질을 벗길 때 물에 넣으면 더 쉽게 벗길 수 있지만 맛있는 성분도 씻겨 나가므로 추천하지 않아요.

◆ 2주 정도 냉장 보관 가능합니다.

1 오븐용 팬에 꼭지를 딴 파프리카를 올린다. 오븐을 200도로 예열 후, 동일 온도에서 15분 굽는다.

2 접시로 파프리카를 옮기고 뚜껑을 씌워 15분 정도 껍질을 불린 후, 손으로 파프리카 껍질을 모두 벗긴다.

3 파프리카를 반 갈라 꼭지와 씨를 제거하고 먹기 좋은 크기로 자른다.

Tip 크게 자르면 샌드위치용으로 좋고, 작게 자르면 샐러드용으로 좋다.

4 절임액 재료를 모두 섞은 후 믹싱 볼에 파프리카, 절임액, 파슬리를 넣어 고루 섞는다. 냉장실에서 최소 10시간 절인다.

퀴노아 샐러드

Quinoa Salad

퀴노아는 9가지 필수 아미노산이 모두 함유된 완벽한 고단백·고영양 식재료입니다. 사포닌 성분 때문에 조금 쓴맛이 날 수 있으므로 제대로 삶는 게 중요해요. 삶는 게 번거로울 수 있으니 한 번에 양껏 삶아 두었다가 다양하게 활용해 보세요.

주재료

☐ 퀴노아 100g

☐ 오이 100g

☐ 파프리카 100g

☐ 양파 50g

☐ 다진 파슬리 10g

드레싱

☐ 올리브오일 40mL

☐ 레몬즙 30mL

☐ 식초 10mL

☐ 다진 마늘 5g

☐ 소금 1g

☐ 후추 적당량

Tip

◆ 퀴노아를 제대로 삶는 방법입니다. (퀴노아 100g 기준)

1) 믹싱 볼에 퀴노아 100g, 물 200mL를 넣어 30분 이상 담가 놓는다.

2) 체에 퀴노아를 놓고 흐르는 물에 3분 정도 비비며 쓴맛을 제거한다.

3) 퀴노아를 체에 밭아 최대한 물기를 제거한다.

4) 올리브오일 1큰술을 두른 팬에 퀴노아를 올려 중불에서 5분 정도 저어 가며 볶는다.

5) 퀴노아를 볶은 후 물 170mL, 소금 2g(1/3작은술)을 넣어 뚜껑을 닫고 끓인다. 중불에서 끓이다가 팔팔 끓으면 약불로 줄여 퀴노아가 물을 모두 흡수할 때까지 15분 정도 삶는다.

6) 보글보글 끓는 물이 거의 없어지면 불을 끄고 뚜껑을 닫아 뜸들인다.

퀴노아가 죽처럼 되거나 너무 건조하지 않고, 고슬고슬하면 잘 만든 거예요. 삶은 퀴노아는 5일 정도 냉장 보관, 2개월 정도 냉동 보관 가능합니다.

◆ 퀴노아 샐러드는 5일 정도 냉장 보관 가능합니다.

1　퀴노아를 고슬고슬해질 때까지 삶는다. (위에 Tip 참고)

2　오이는 세로로 길게 반 잘라 가운데 속을 파내고 1cm 두께로 자른다. 파프리카와 양파도 사방 1cm 크기로 자른다.

3　드레싱 재료를 모두 섞는다.
Tip 레몬즙 대신 레드/화이트와인 비니거로 사용 가능하다.

4　믹싱 볼에 퀴노아, 손질한 야채, 파슬리, 드레싱을 모두 넣어 고루 섞는다.

슈림프 샐러드

Shrimp Salad

냉동 새우는 간편해서 활용도가 높지만 그냥 사용하면 비린내가 날 수 있어요. 전처리 해서 사용하면 비린내 없이 상큼하게 즐길 수 있습니다.

주재료

□ 새우 270g

드레싱

□ 다진 양파 40g

□ 다진 마늘 5g

□ 오렌지즙 50mL

□ 레몬즙 25mL

□ 올리브오일 5mL

□ 소금 2g

□ 후추 적당량

Tip

◆ 냉동 새우는 반나절 이상 냉장 해동 후 사용하세요.

◆ 새우 꼬리는 남겨 놓으면 보기에 좋지만 제거하는 게 먹을 때는 편해요.

◆ 샐러드 재료는 그린 채소, 견과류, 씨앗 등 좋아하는 재료로 사용하세요.

◆ 3일 정도 냉장 보관 가능합니다.

1 냄비에 드레싱 재료를 모두 넣어 중불에서 끓인다.

Tip 끓기 시작하면 8분 정도 추가로 끓여 반 정도로 졸인다.

2 새우를 넣고 새우가 익을 때까지 5분 정도 저어 가며 익힌다.

3 믹싱 볼에 옮겨 최소 3시간 정도 절인다. 샐러드 재료에 토핑으로 새우를 올린다.

Tip 절이고 남은 드레싱도 올린다.

무반죽 식사빵

No-Knead Bread

바쁜 일상에서 베이킹은 간단한 게 최고죠. 수십 번 만드는 동안 실패한 적 없는, 쉽지만 맛있는 냄비빵이에요. 겉은 바삭, 속은 부드러운 담백한 식사빵. 브리 치즈를 올려 먹거나 크림치즈를 발라 드세요.

주재료

- ☐ 강력분 250g
- ☐ 통밀 가루 50g
- ☐ 인스턴트
  드라이 이스트 4g
- ☐ 소금 3g
- ☐ 미지근한 물 280mL

Check

◆ 반죽의 발효가 끝나기 10분 전에 오븐을 230도로 예열합니다. 예열한 오븐에 오븐용 냄비(지름 18cm)와 뚜껑을 넣고 10분 정도 예열합니다.

Tip

◆ 저는 한살림 통밀 가루를 사용합니다. 통밀 가루는 브랜드에 따라 수분 흡수율이 달라요. 동일 제품 아닐 경우, 수분량을 조절해야 할 수도 있습니다. 그래서 통밀 가루 레시피에는 제가 사용하는 브랜드를 공유합니다.
◆ 3일 정도 실온 보관, 5일 정도 냉장 보관, 3개월 정도 냉동 보관 가능합니다.

1 믹싱 볼에 모든 재료를 넣어 주걱으로 섞는다. 위생 랩 또는 유리 용기를 씌우고 따뜻한 실온에서 반죽이 2배 정도 부풀 때까지 1~2시간 발효한다.

2 작업대 위에 덧밀가루를 소량 뿌린 후 발효를 끝낸 반죽을 옮긴다. 반죽을 안쪽으로 5~6회 접으면서 원형으로 만든 후, 뒤집어서 유산지에 옮긴다.

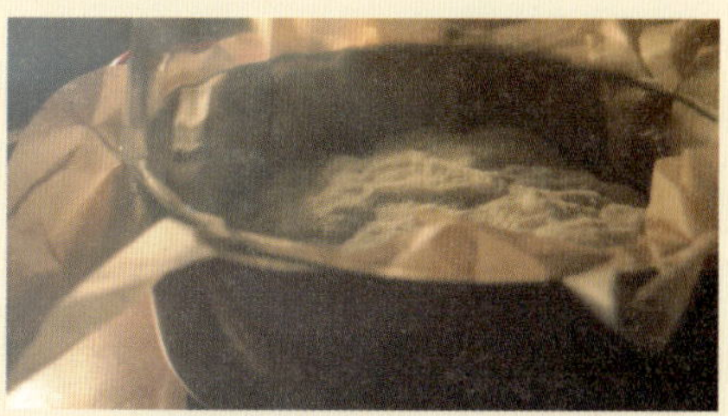

3 예열이 끝난 냄비를 꺼낸 후, 유산지를 오므려 냄비 안에 반죽을 넣고 뚜껑을 닫는다.

4 230도로 예열한 오븐에서 30분 구운 후, 뚜껑을 열고 추가로 10분 굽는다. 식힘망 위에 꺼내서 10분 정도 식힌 후 자른다.

PART 2

소스&드레싱&딥

SAUCE & DRESSING & DIP

차지키 소스 ○ 그릭 요거트 드레싱 ○ 올리브오일 드레싱 ○ 레몬 드레싱 ○ 바질 비네그레트 ○ 바질 페스토 ○ 참깨 드레싱 ○ 파프리카 소스 ○ 토마토 소스 ○ 토마토 살사 ○ 토마토 페이스트 ○ 이태리 토마토 소스 ○ 랜치 드레싱 ○ 비건 랜치 드레싱 ○ 당근 생강 드레싱 ○ 버섯 크림 소스 ○ 가지 소스 ○ 데리야끼 소스 ○ 월남쌈 소스 ○ 피넛 소스 ○ 아보카도 드레싱 ○ 과카몰리 ○ 후무스 ○ 크림치즈 딥 ○ 느억맘 소스 ○ 부록② 무반죽 식사빵

차지키 소스

Tzatziki Sauce

그릭 요거트로 만드는 그리스 전통 요리, 차지키. 피타 브레드, 기로스(202p)에 필수 소스입니다. 이외에도 빵, 샐러드, 해산물, 육류 등 어디에나 잘 어울려요. 이것만 퍼먹어도 맛있다는 후기가 많은 소스입니다.

주재료

☐ 오이 150g

☐ 소금 1g

드레싱

☐ 무가당 그릭 요거트 250g

☐ 올리브오일 15mL

☐ 레몬즙 15mL

☐ 다진 마늘 5g

☐ 다진 딜 2g

☐ 소금 1g

Tip

◆ 차지키 소스의 핵심은 오이의 수분을 충분히 빼는 것. 수분을 충분히 제거하지 않으면 소스가 묽어집니다.

◆ 3일 정도 냉장 보관 가능하지만 최대한 빨리 드세요.

1 오이는 껍질째 가늘게 채 썬 후 소금을 넣어 가볍게 섞고, 실온에서 10분 절인다.

Tip 오이를 썰 때 강판을 이용하면 편하다.

2 손으로 오이를 꽉 짜서 수분을 뺀다.

Tip 면포에 넣어 짜는 방법도 있다.

3 드레싱 재료를 모두 섞는다.

4 믹싱 볼에 수분 뺀 오이와 드레싱을 넣어 고루 섞는다. 최소 1시간 숙성한다.

그릭 요거트 드레싱

Greek Yogurt Dressing

수백 번 만든 샐러드 드레싱입니다. 샐러드뿐만 아니라 육류 디핑 소스로도 좋아요. 시판용 드레싱에는 첨가물이 많습니다. 첨가물이 들어간 드레싱 대신 직접 만든 드레싱으로 건강한 집밥을 완성해 보세요.

드레싱

□ 무가당 그릭 요거트 150g

□ 올리브오일 15mL

□ 홀그레인 머스터드 5g

□ 다진 마늘 5g

□ 레몬즙 15mL

□ 레몬 제스트 6g

□ 건파슬리 0.5g

□ 소금 2g

□ 후추 적당량

Check

◆ 건허브, 생허브 모두 가능합니다.

Tip

◆ 가급적 꾸덕한 그릭 요거트로 사용하세요. 일반 요거트를 사용하면 굉장히 묽어집니다.

◆ 5일 정도 냉장 보관 가능하지만 최대한 빨리 드세요.

1 드레싱 재료를 모두 섞는다.

2 최소 30분 숙성한다.

올리브오일 드레싱

Olive Oil Dressing

기본 중의 기본 샐러드 드레싱입니다. 올리브오일을 구입할 때 다음의 5가지는 반드시 확인하세요. 유리병에 들었는가? 엑스트라 버진 등급인가? 100% 유기농 올리브를 사용했는가? 냉압착인가? 산도는 0.2% 이하인가?

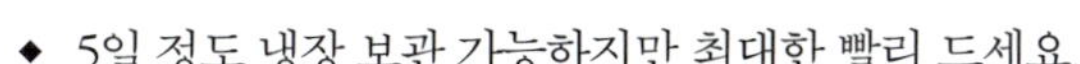

드레싱

□ 올리브오일 105mL

□ 발사믹식초 45mL

□ 다진 마늘 5g

□ 꿀 15mL

□ 홀그레인 머스터드 10g

□ 소금 2g

Tip

◆ 5일 정도 냉장 보관 가능하지만 최대한 빨리 드세요.

1 드레싱 재료를 모두 섞는다.

2 최소 30분 숙성한다.

레몬 드레싱

레몬즙보다 레몬 제스트가 맛과 향이 강하고, 즙과 제스트는 대체 불가합니다. 레몬은 수입 과정에서 신선도 유지를 위해 농약·왁스 처리하는 경우가 많아요. 제주 유기농 레몬은 겨울이 제철인데 이 시기에 농약, 왁스 없는 레몬으로 많이 요리해 보세요.

드레싱

☐ 올리브오일 60mL

☐ 레몬즙 60mL

☐ 레몬 제스트 6g

☐ 꿀 10mL

☐ 다진 마늘 5g

☐ 다진 파슬리 5g

☐ 홀그레인 머스터드 5g

☐ 소금 2g

☐ 후추 적당량

Tip

◆ 꿀은 생략 가능하지만 단맛이 약간 들어가야 맛의 조화가 좋아집니다.

◆ 허브를 제외한 나머지 재료를 블렌더에 갈면 드레싱이 더 되직하게, 크리미하게 변합니다.

◆ 만든 후 신맛이 강하다면 올리브오일을 추가하고, 신맛이 더 필요하면 레몬즙을 추가하세요.

◆ 일주일 정도 냉장 보관 가능합니다.

1 드레싱 재료를 모두 섞는다.

2 최소 30분 숙성한다.

바질 비네그레트

Basil Vinaigrette

여름에 집에서 바질 재배하시는 분들 계시죠? 다 소진하기 힘들 정도로 많이 수확하셨다면 바질 비네그레트를 만들어 보세요. 남은 한 방울까지 싹싹 긁어 먹을 정도로 맛있습니다. 올리브오일도 맛이 천차만별이라 좋아하는 맛의 오일로 사용하세요.

드레싱

- □ 바질 120g
- □ 양파 50g
- □ 마늘 10g
- □ 올리브오일 150mL
- □ 레몬즙 또는
  애플 사이다 비니거 40mL
- □ 꿀 또는 메이플시럽 15mL
- □ 소금 2g

Tip

◆ 꿀 또는 메이플시럽은 생략 가능합니다.

◆ 일주일 정도 냉장 보관 가능합니다.

◆ 버섯 샐러드와 잘 어울리는 드레싱입니다. 추천 레시피를 알려 드릴게요.

1) 좋아하는 버섯(저는 만가닥 사용)에 올리브오일, 소금, 후추를 적당량 넣어 고루 섞은 후, 오븐용 팬에 겹치지 않게 올린다.

2) 버섯 크기에 따라 굽는 시간은 상이하지만 180도로 예열한 오븐에 넣어 15~20분 정도 굽는다.

3) 구운 버섯 위에 바질 비네그레트를 올려 맛있게 먹는다.

1 양파와 마늘은 얇게 썬다.

Tip 재료 크기가 작아야 2번 과정에서 쉽게 갈린다.

2 블렌더나 푸드 프로세서에 드레싱 재료를 모두 넣어 충분히 간다.

Tip 블렌더 크기에 비해 재료 양이 너무 적으면 블렌더에 갈리지 않는다.

3 올리브오일을 표면에 약간 부어 보관한다.

Tip 공기와의 접촉을 최소화해서 갈변을 막는다.

바질 페스토

Basil Pesto

한국에서는 바질 페스토를 만들 때 주로 잣을 사용하지만 외국에서는 호두, 피칸, 캐슈너트, 마카다미아 너트 등 다양한 견과를 사용합니다. 잣 이외의 다른 견과를 사용해도 충분히 맛있어요. 집에 있는 견과로 사용해 보세요. 저는 주로 호두를 사용합니다.

드레싱

- ☐ 바질 50g
- ☐ 호두 50g
- ☐ 파마산 치즈 50g
- ☐ 올리브오일 105mL
- ☐ 얇게 썬 마늘 15g
- ☐ 소금 2g
- ☐ 레몬즙 15mL
- ☐ 레몬 제스트 6g

Check

◆ 파마산 치즈가 없으면 페코리노 로마노 치즈로 대체 가능합니다. 두 치즈를 반씩 섞어도 맛있어요.

Tip

◆ 레몬은 생략 가능하지만 넣으면 바질 맛이 더 선명해져요.

◆ 생마늘 향이 싫다면 중불에서 살짝 볶아 사용하세요.

◆ 일주일 정도 냉장 보관 가능합니다. 일주일 내에 소진하지 못할 경우, 냉동 보관 가능해요.

◆ 냉동 보관 시 얼음 틀에 페스토를 넣어 얼린 후 그 상태로 빼서 지퍼 백에 보관합니다. 이후에 해동해서 사용하거나 언 상태 그대로 사용하면 됩니다.

1 견과류는 중불에서 노릇하게 볶아 사용한다.

Tip 생략 가능한 과정이나, 견과류를 볶으면 더 고소해진다.

2 푸드 프로세서에 호두와 치즈부터 넣어 충분히 간다. 그 다음 바질과 올리브오일을 제외한 나머지 재료를 넣어 충분히 간다.

3 마지막에 바질과 올리브오일을 넣어 짧게 끊어 간다.

Tip 푸드 프로세서의 열로 인해 바질이 갈변되지 않도록 짧게 끊어 간다.

4 올리브오일을 표면에 약간 부어 보관한다.

Tip 공기와의 접촉을 최소화해서 갈변을 막는다.

참깨 드레싱

참깨 드레싱은 보통 마요네즈로 만들지만 그릭 요거트를 사용하면 깔끔하게 즐길 수 있습니다. 양배추와 잘 어울리는 상큼하고 고소한 드레싱이에요.

드레싱

- ☐ 볶은 참깨 60g
- ☐ 무가당 그릭 요거트 60g
- ☐ 꿀 30mL
- ☐ 레몬즙 30mL
- ☐ 참기름 15mL
- ☐ 올리브오일 30mL
- ☐ 간장 10mL

Check

◆ 그릭 요거트는 마요네즈 동량으로 대체 가능합니다.

Tip

◆ 들깨, 검은깨를 섞어서 사용해도 됩니다.
◆ 드레싱 농도는 올리브오일로 조절합니다. 조금 더 묽은 농도를 원하면 오일을 추가하세요.
◆ 생강을 조금 넣으면 색다른 맛으로 즐길 수 있어요.
◆ 5일 정도 냉장 보관 가능합니다.

1 참깨만 우선 절구, 블렌더, 푸드 프로세서 등에서 곱게 간다.

2 나머지 재료를 모두 넣어 고루 간다.

파프리카 소스

샐러드 드레싱으로도 맛있고, 피자, 미트볼, 파스타 소스로도 좋습니다. 토마토 소스나 크림 소스가 식상하다면 파프리카로 소스를 만들어 보세요.

드레싱

□ 파프리카 700g

□ 다진 마늘 10g

□ 무염 버터 15g

□ 소금 4g

□ 건허브 1g

□ 생크림 또는 우유 100mL

□ 레몬즙 10mL

□ 크러시드 레드 페퍼 0.5g

□ 후추 적당량

Check

◆ 생크림 대신 우유도 사용 가능하지만 생크림을 사용해야 더 고소하고 크리미해요.

Tip

◆ 파프리카는 오븐 대신 가스레인지 위에서 직화로 구워도 되지만 타지 않게 계속 지켜봐야 하고, 파프리카에서 즙이 나와 가스레인지가 지저분해질 수 있어요.

◆ 건허브는 파슬리, 바질 등 좋아하는 것으로 사용하면 됩니다.

◆ 레몬즙, 크러시드 레드 페퍼, 후추는 생략 가능한 재료지만 넣어야 풍미가 좋아져요.

◆ 오븐 사양에 따라 오븐 온도, 굽는 시간은 상이해요.

◆ 5일 정도 냉장 보관 가능합니다.

1 오븐용 팬에 파프리카를 올린다.

2 오븐을 200도로 예열 후, 동일 온도에서 15분 굽는다.

3 접시로 파프리카를 옮기고 뚜껑을 씌워 15분 정도 껍질을 불린다.

Tip 껍질을 쉽게 제거하기 위한 방법이다.

4 손으로 파프리카 껍질을 모두 벗긴다.

5 파프리카를 반 갈라 꼭지와 씨를 제거하고 적당한 크기로 자른다.

6 푸드 프로세서에 넣어 곱게 갈아 파프리카 퓌레를 만든다.

Tip 파프리카에서 나오는 액체도 모두 사용한다.

7   팬에 버터를 녹인 후 중약불에서 마늘을 2분 정도 볶는다.

8   파프리카 퓌레, 소금, 건허브를 넣고 약불에서 10분 졸인다.
Tip   계속 젓는다.

9   생크림 또는 우유를 넣고 약불에서 2분 끓인다.

10   레몬즙, 크러시드 레드 페퍼, 후추를 넣고 약불에서 2분간 저으며 추가로 끓인다.
Tip   단맛을 원하면 설탕 1작은술 정도 추가해도 된다.

토마토 소스

시판용 소스에서는 절대 느낄 수 없는 싱그럽고 깊은 맛의 토마토 소스입니다. 이 소스의 기본이 되는 재료는 선 드라이드 토마토인데요. 한 번 만들어 두면 베이킹, 샌드위치 속 재료, 샐러드 토핑, 토마토 소스 등에 다양하게 활용 가능합니다.

드레싱

- ☐ 토마토 혹은
  방울토마토 400g
- ☐ 선 드라이드 토마토 25g
- ☐ 대추야자 3개
- ☐ 얇게 썬 마늘 10g
- ☐ 생수 50mL
- ☐ 식초 20mL
- ☐ 소금 5g
- ☐ 바질 5장

Check

◆ 대추야자가 없다면 건무화과, 건살구로 대체 가능합니다.

Tip

◆ 바질을 너무 많이 넣으면 소스 색이 초록색으로 변하므로 적당히 넣으세요. 없으면 생략해도 됩니다.

◆ 일주일 정도 냉장 보관 가능합니다.

◆ 선 드라이드 토마토를 만드는 게 번거롭다면 한 번 만들 때 많이 만들어 보세요. 아래에 만드는 법을 알려 드릴게요.

  1) 방울토마토 300g을 이등분한다.

  2) 1에 소금 2g과 건허브 1g을 적당량 흩뿌린다.

  3) 식품 건조기 사용 시 70도에서 10시간, 오븐에서는 120도에서 2시간 정도 건조한다. 토마토의 80~90% 정도의 수분을 날린다고 생각하면 된다.

  4) 유리 용기에 선 드라이드 토마토, 마늘 2개 정도, 월계수 잎 3장을 넣고 재료가 잠길 때까지 올리브오일을 부어 보관한다.

1　선 드라이드 토마토를 만든다.

2　대추야자는 10분간 물에 불린 후 씨를 제거한다.

3　블렌더에 모든 재료를 넣고 곱게 간다.

토마토 살사

Tomato Salsa

멕시칸 음식에 많이 곁들여 먹는 토마토 살사. 나초칩, 토르티야, 부리토, 케사디아 등과 같이 드세요. 10분이면 완성합니다. 멕시칸 전문점에서 사 먹는 것보다 더 맛있다는 후기가 많은 레시피입니다.

드레싱

- ☐ 토마토 500g
- ☐ 양파 100g
- ☐ 다진 마늘 5g
- ☐ 청양고추 2g
- ☐ 고수 10g
- ☐ 라임즙 30mL
- ☐ 식초 10mL
- ☐ 소금 3g
- ☐ 쿠민 1g
- ☐ 설탕 10g
- ☐ 후추 적당량

Check

◆ 라임즙을 구하기 힘들다면 레몬즙으로 대체 가능하나 맛은 완전히 달라집니다.

◆ 식초는 애플 사이다 비니거 또는 와인 비니거로, 청양고추는 할라피뇨로 대체 가능합니다.

Tip

◆ 쿠민은 멕시칸 음식에 많이 넣는 향신료지만 쿠민 향을 싫어한다면 생략 가능해요.

◆ 바로 먹어도 좋지만 다음 날 먹는 게 더 맛있어요.

◆ 5일 정도 냉장 보관 가능합니다.

1 토마토, 양파, 청양고추는 큼지막한 크기로 자른다.

2 푸드 프로세서에 모든 재료를 넣고 원하는 크기가 될 때까지 간다.

Tip 적당히 건더기를 남길 정도로 갈아야 한다.

3 냉장실에서 최소 2시간 이상 숙성한다.

토마토 페이스트

Tomato Paste

토마토 소스와 토마토 페이스트는 다릅니다. 토마토 소스는 수분량이 많아 최대 일주일 정도 냉장 보관이 가능하지만, 토마토 페이스트는 토마토를 장시간 농축해 수분량이 적고 보관 기간이 긴 게 특징입니다. 피자, 파스타, 라구, 볼로네제, 수프, 스튜 등에 다양하게 활용해 보세요.

드레싱

□ 토마토 혹은
　방울토마토 2kg

□ 소금 5g

Tip

◆ 중불 이상에서 졸이면 시간은 단축되지만 타기 쉬우므로 계속 저어 가며 만들어야 합니다.

◆ 한 달 정도 냉장 보관, 3개월 정도 냉동 보관 가능합니다.

◆ 냉동 보관 시 큐브 형태의 얼음 틀에 페이스트를 넣어 얼린 후 그 상태로 빼서 지퍼 백에 보관합니다. 이후에 해동해서 사용하거나 언 상태 그대로 사용하면 됩니다.

1　꼭지를 제거한 토마토를 블렌더에 곱게 간 후, 냄비에 체를 받쳐 토마토 껍질과 씨를 거른다.

2　소금을 추가하고, 중약불에서 종종 저어 가며 4시간 졸인다.

Tip　20~30분에 한 번씩 젓는다.

3　농도가 되직해지기 시작하면 타지 않게 계속 젓는다.

4　고추장 정도 농도가 되면 불에서 내린다.

이태리 토마토 소스

Italian Tomato Sauce

이태리에서 가장 유명한 레시피이자, 반세기 이상 전 세계인에게 찬사 받은 토마토 소스 레시피. 이태리 요리계의 전설, 마르셀라 하잔의 이태리 토마토 소스를 한국인 입맛에 맞게 조금 변형했습니다. 재료도, 공정도 간단하지만 깊은 풍미가 가득. 이 소스를 기본으로 파스타를 만들 때는 후추, 허브, 치즈 등을 추가해 드세요.

드레싱

☐ 토마토 900g

☐ 양파 200g

☐ 무염 버터 70g

☐ 마늘 15g

☐ 소금 5g

☐ 설탕 10g

Tip

◆ 마늘은 다진 마늘, 통마늘 모두 사용 가능합니다.

◆ 설탕은 생략 가능합니다. 설탕은 신맛을 중화하는 역할을 해요.

◆ 마르셀라 하잔의 오리지널 레시피에서 다음의 3가지 방법으로 한국인 입맛에 맞게 변형했습니다.

   1) 오리지널 레시피에는 버터가 40g 더 들어가지만 한국인 입맛에는 느끼할 수 있어서 줄여서 만드는 게 좋습니다.

   2) 오리지널 레시피에는 마늘이 없지만 한국인에게 마늘은 필수 재료.

   3) 오리지널 레시피는 양파를 익힌 후 건져내지만 양파도 같이 갈아야 더 맛있어요.

◆ 5일 정도 냉장 보관, 3개월 정도 냉동 보관 가능합니다. 얇게 펴서 지퍼 백에 냉동 보관하면 나중에 먹기 편해요.

1 토마토와 양파는 적당한 크기로 자른다.

Tip 나중에 갈 거라 너무 작게 자르지 않아도 된다.

2 냄비에 설탕을 제외한 모든 재료를 넣고 40분 정도 끓인다.

3 10분 식힌 후 블렌더에 곱게 간다.

Tip 식힌 후에 갈아야 블렌더에 무리가 가지 않는다.

4 냄비로 다시 옮겨 추가로 5분 끓인다. 신맛이 강하다면 설탕을 추가한다.

랜치 드레싱

Ranch Dressing

랜치 드레싱은 1992년 이후로 미국에서 가장 많이 판매되는 샐러드 드레싱이라고 합니다. 농도는 버터밀크로 조절하세요.
더 되직한 농도를 원하면 제가 제시한 버터밀크 양보다 줄이고, 묽은 농도를 원하면 버터밀크를 추가하면 됩니다.

드레싱

- ☐ 사워크림 100g
- ☐ 마요네즈 100g
- ☐ 레몬즙 10mL
- ☐ 다진 마늘 5g
- ☐ 소금 2g
- ☐ 건파슬리 1g
- ☐ 건딜 0.5g
- ☐ 건차이브 0.5g
- ☐ 후추 적당량

버터밀크

- ☐ 우유 60mL
- ☐ 레몬즙 5mL

Check

◆ 랜치 드레싱은 사워크림이 필수 재료입니다. 없으면 그릭 요거트로 대체 가능하지만 맛과 농도가 달라질 수 있어요.

◆ 레몬즙은 식초로, 건허브는 생허브로 대체 가능합니다.

Tip

◆ 오리지널 랜치 드레싱은 파슬리, 차이브, 딜을 사용합니다. 다양한 허브가 없다면 파슬리라도 꼭 넣어 주세요.

◆ 10일 정도 냉장 보관 가능합니다. 냉장 보관 시 조금 더 되직해집니다.

1 우유에 레몬즙을 넣고 섞은 뒤 실온에 10분 두어 버터밀크를 만든다.

2 버터밀크에 모든 드레싱 재료를 넣어 고루 섞는다.

비건 랜치 드레싱

사워크림, 마요네즈, 우유를 기본으로 해서 만드는 일반 랜치 드레싱의 비건 버전입니다. 유당 불내증이나 견과류 알레르기가 있는 분들께 추천하는 드레싱이에요. 유제품 없이도 크리미한 농도로 충분히 가능합니다.

드레싱

☐ 해바라기씨 90g

☐ 식물성 우유 150mL

☐ 레몬즙 30mL

☐ 식초 15mL

☐ 생수 45mL

☐ 마늘 5g

☐ 소금 3g

☐ 건파슬리 2g

☐ 홀그레인 머스터드 15g

☐ 후추 적당량

Check

◆ 해바라기씨는 호박씨로 대체 가능합니다. 씨에서 냄새가 나거나 이상한 맛이 난다면 산패된 거예요. 이런 경우에는 버리고 새 제품으로 구매해서 사용하세요.

Tip

◆ 허브는 파슬리, 딜, 차이브 등 좋아하는 것으로 사용하세요.

◆ 5일 정도 냉장 보관 가능합니다.

1 해바라기씨는 뜨거운 물을 부어 1시간 정도 불린다.

2 흐르는 물에 헹군 다음 체에 밭아 물을 뺀다.

3 블렌더에 모든 재료를 넣고 최대한 곱게 간다.

4 2시간 이상 숙성한다.

당근 생강 드레싱

미국에서 영업 중인 많은 일식 레스토랑의 전채 요리에 자주 나오는 샐러드 드레싱입니다. 미국에서 맛보고 레시피 궁금했던 분들 많으시죠? 원래 많이 상큼하게 먹는 드레싱이라 오리지널은 식초의 비율이 훨씬 높습니다. 저는 한국인 입맛에 맞게 변형했어요.

드레싱

- □ 당근 140g
- □ 양파 60g
- □ 생강 15g
- □ 식초 75mL
- □ 올리브오일 105mL
- □ 소금 2g
- □ 꿀 30mL
- □ 후추 적당량
- □ 참기름 5mL

Tip

◆ 오리지널 당근 생강 드레싱 레시피에는 염도가 낮은 일식 백된장(시로미소)이 들어갑니다. 시로미소가 있다면 이 책의 레시피에 2/3큰술을 추가하세요.

◆ 열흘 정도 냉장 보관, 한 달 정도 냉동 보관 가능합니다.

1 당근, 양파, 생강을 모두 큼지막한 크기로 자른다.

Tip 나중에 갈 거라 작게 자르지 않아도 된다.

2 자른 야채를 푸드 프로세서에 넣어 최대한 곱게 간다.

3 나머지 재료를 모두 푸드 프로세서에 넣어 곱게 간다. 하루 숙성 후 먹는다.

버섯 크림 소스

레스토랑급 만능 버섯 소스입니다. 생크림 사용 요리를 하다 보면 어중간하게 생크림이 남을 때가 있어요. 그럴 때는 버섯 크림 소스를 만들어 보세요. 스테이크, 파스타, 야채찜, 달걀프라이 등 어디에 올려 먹어도 맛있습니다.

드레싱

- □ 표고버섯 280g
- □ 무염 버터 30g
- □ 올리브오일 15mL
- □ 다진 마늘 15g
- □ 소금 3g
- □ 후추 적당량
- □ 화이트 드라이 와인 50mL
- □ 육수 또는 채수 130mL
- □ 생크림 260mL
- □ 파마산 치즈 40g
- □ 건파슬리 1g

Check

◆ 양송이버섯도 사용 가능합니다.

Tip

◆ 올리브오일과 버터를 함께 사용하면 풍미가 좋아져요.

◆ 바닥에 눌어붙은 재료에 와인이나 육수/채수를 넣고 녹이는 과정을 '디글레이즈'라고 합니다. 감칠맛을 끌어 올려 풍미를 강화하는 기법이에요. 화이트와인이나 육수/채수가 없다면 물로 대체 가능하지만 풍미는 줄어듭니다.

◆ 분말 형태의 파마산 치즈는 완전히 녹지 않고 뭉칠 수 있으니 잘 저어 주세요.

◆ 3일 정도 냉장 보관 가능합니다. 생크림이 들어가서 냉장 보관하면 굳는데, 이럴 때는 물을 소량 추가 후 데워 드세요.

1 버섯은 밑동을 잘라 1cm 두께로 자른다.

2 팬에 무염 버터, 올리브오일을 넣고 중약불에서 버터를 녹인다. 버섯을 넣고 중강불에서 저어 가며 4분 볶는다.

3 마늘, 소금, 후추를 넣고 1분 정도 볶는다. 화이트와인을 넣고 바닥에 눌어붙은 것을 전체적으로 긁어 디글레이즈 한다. 중강불에서 2분 볶는다.

4 중약불로 줄인 후 육수/채수, 생크림, 파마산 치즈를 넣고 3분 정도 끓인다. 불을 끄고 건파슬리를 추가해서 고루 섞는다.

가지 소스

Eggplant Dip

그릭 레스토랑에 꼭 나오는 디핑 소스, 멜리차노 살라타. 정말 좋아하는 그리스 음식입니다. 우리나라에서 가지는 보통 무침으로 많이 먹는데, 디핑 소스로 변주해서 즐겨 보세요. 바삭한 빵, 피타 브레드(토르티야, 난) 등과 잘 어울립니다.

드레싱

- ☐ 가지 200g
- ☐ 올리브오일 20mL
- ☐ 레몬즙 15mL
- ☐ 소금 1g
- ☐ 다진 마늘 5g
- ☐ 다진 파슬리 3g
- ☐ 후추 적당량

Tip

- ◆ 오븐 사양에 따라 오븐 온도, 굽는 시간은 상이해요.
- ◆ 완전히 부드러운 식감을 원하면 4번 과정에서 재료를 섞을 때 푸드 프로세서에 갈아 주세요.
- ◆ 바로 먹는 것보다 몇 시간 후에 먹는 게 더 맛있습니다.
- ◆ 페타 치즈, 생올리브, 다진 양파 등을 토핑으로 올려 먹어도 좋아요.
- ◆ 3일 정도 냉장 보관 가능합니다. 냉장 보관하면 올리브오일이 굳을 수 있는데, 실온에서 잠시 녹였다 먹으면 됩니다.

1 가지를 구석구석 포크로 찍는다. 오븐을 170도로 예열 후, 동일 온도에서 40분 굽는다. 15분에 한 번씩 가지를 돌려 가며 골고루 익힌다.

2 가지를 반 갈라 속살만 파낸 후 채반에 넓게 펴서 15분 정도 수분을 뺀다.

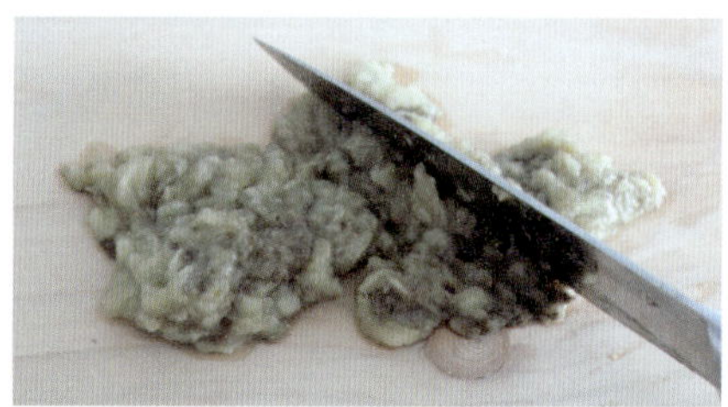

3 수분을 뺀 가지를 잘게 다지고, 이 상태로 채반에 올려 10분 정도 추가로 수분을 뺀다.

4 가지에 파슬리를 제외한 나머지 재료를 모두 넣어 고루 섞고, 냉장실에서 최소 30분 이상 숙성한다. 먹기 직전에 파슬리를 올린다.

데리야끼 소스

Teriyaki Sauce

생강, 마늘, 꿀, 옥수수 전분을 넣어 만들어도 되지만 오리지널 데리야끼 소스는 단 4가지 재료로 만듭니다. 이 재료만으로도 충분히 맛있어요. 보통 생선, 육류 요리에 많이 사용하지만 저는 야채볶음에도 즐겨 사용합니다. 데리야끼 소스에는 설탕이 들어 있어 쉽게 타기 때문에 주재료를 거의 익힌 후에 소스를 넣어요. 소스를 넣은 후에는 약불에서 짧게 조리하는 게 포인트입니다.

드레싱

☐ 사케 125mL

☐ 미림 125mL

☐ 간장 125mL

☐ 설탕 50g

Check

◆ 감칠맛을 더하는 사케는 청주로 대체 가능합니다. 둘 다 없으면 동량의 물로 대체할 수 있지만 풍미는 떨어져요.

Tip

◆ 설탕은 당도와 농도를 담당합니다.

◆ 만약 소스에서 쓴맛이 난다면 높은 온도에서 졸인 것. 쓴맛이 나면 안 됩니다.

◆ 소스는 식으면 조금 더 되직해지지만 많이 되직한 농도는 아니에요.

◆ 2~3주 정도 냉장 보관 가능합니다.

1 냄비에 모든 재료를 넣고 중불에서 계속 저어 가며 끓인다.

Tip 설탕이 모두 녹아야 한다.

2 큰 거품이 올라오면 중약불로 줄여서 13~15분 정도 끓인다.

Tip 살짝 되질해질 때까지 끓인다. 이때는 젓지 않아도 된다.

월남쌈 소스

Thai Peanut Sauce

동남아 음식의 정수, 타이 피넛 소스입니다. 보통 월남쌈 먹을 때 곁들이는 소스예요. 스프링롤, 면 요리(팟타이) 외에도 다양하게 활용할 수 있어요. 저는 첨가물 없는 무염, 무설탕, 땅콩 100%인 땅콩버터를 사용합니다.

드레싱

- ☐ 땅콩버터 120g
- ☐ 식초 45mL
- ☐ 라임즙 60mL
- ☐ 간장 45mL
- ☐ 꿀 45mL
- ☐ 마늘 10g
- ☐ 생강 10g
- ☐ 참기름 10mL
- ☐ 크러시드 레드 페퍼 1g

Check

◆ 오리지널은 라임즙을 사용하지만 없으면 레몬즙이나 애플 사이다 비니거로 대체 가능합니다.

Tip

◆ 매운맛을 위해서는 크러시드 레드 페퍼나 스리라차 소스를 추가합니다. 매운 재료는 생략 가능해요.

◆ 일주일 정도 냉장 보관 가능합니다. 냉장 보관 시 조금 굳을 수 있는데, 실온에 두면 처음 상태로 돌아옵니다. 위아래로 잘 저어 드세요.

1 푸드 프로세서에 크러시드 레드 페퍼를 제외한 모든 재료를 넣고 곱게 간다.

Tip 푸드 프로세서를 사용하지 않는다면 마늘, 생강은 곱게 다져서 사용한다.

2 믹싱 볼에 소스를 옮긴 후 크러시드 레드 페퍼를 넣고 고루 섞는다.

피넛 소스

사 먹는 소스보다 훨씬 진하고 맛있다는 후기가 많은 소스입니다. 푸드 프로세서 없이 거품기로 슬슬 섞어 만들 수 있어서 간편해요. 월남쌈 소스보다 되직한 농도입니다.

드레싱

☐ 땅콩버터 120g

☐ 간장 10mL

☐ 메이플시럽 또는 꿀 15mL

☐ 라임즙 30mL

☐ 마늘 파우더 3g

☐ 생강 파우더 2g

☐ 크러시드 레드 페퍼 1g

☐ 식초 10mL

☐ 생수 60mL

Tip

◆ 마늘이나 생강은 맛에 지대한 영향을 미치는 재료라 없으면 밋밋하지만 못 먹는 재료라면 생략하고 만드세요.

◆ 시큼함을 위해 식초를 넣지만 식초는 생략 가능해요.

◆ 생수는 농도를 조절하는 역할을 합니다. 더 묽은 농도를 원한다면 생수를 추가하세요.

◆ 일주일 정도 냉장 보관 가능합니다.

1   믹싱 볼에 모든 재료를 넣고 거품기로 고루 섞는다.

아보카도 드레싱

Avocado Dressing

담백하고 자극적이지 않아 목 넘김이 부드러운 아보카도 드레싱. 유제품이 안 들어간 100% 비건 드레싱이라고 하면 다들 놀라요. 샐러드 드레싱으로도 좋고, 빵 디핑 소스로도 활용해 보세요.

드레싱

□ 생수 180mL

□ 올리브오일 60mL

□ 레몬즙 45mL

□ 아보카도 140g

□ 다진 마늘 5g

□ 소금 2g

□ 건파슬리 1g

□ 후추 적당량

Tip

◆ 아보카도는 숙성 정도에 따라 색깔이 다릅니다. 덜 익은 아보카도는 초록색이며 매우 단단해요. 후숙이 진행되면 녹갈색, 완전히 익으면 진갈색으로 변합니다. 잘 익은 아보카도로 사용하세요.

◆ 허브는 파슬리, 딜, 바질 등 좋아하는 것으로 사용하세요.

◆ 3일 정도 냉장 보관 가능합니다.

1 아보카도는 껍질과 씨앗을 제거하고 큼지막하게 자른다.

2 블렌더에 모든 재료를 넣고 곱게 간다. 최소 30분 숙성한다.

과카몰리

Guacamole

아보카도가 저렴하다 싶으면 몇 개씩 사서 만드는 과카몰리. 아보카도의 존재 이유가 과카몰리라고 생각하는 분들도 많으시죠? 식당에서 팔아도 될 것 같다는 후기가 많은 레시피입니다. 레스토랑에서 판매하는 그 맛을 내려면 라임, 할라피뇨는 필수예요. 맛을 한층 선명하게 만듭니다.

드레싱

☐ 아보카도 420g

☐ 토마토 80g

☐ 양파 40g

☐ 할라피뇨 30g

☐ 고수 4g

☐ 다진 마늘 5g

☐ 라임즙 30mL

☐ 소금 2g

☐ 후추 적당량

Check

◆ 라임즙이 없다면 레몬즙을 사용하세요.

Tip

◆ 고수는 많이 넣으면 고수 맛만 강하게 나므로 적당히 넣어 주세요.

◆ 3일 정도 냉장 보관 가능합니다.

1 아보카도는 껍질과 씨앗을 제거하고 믹싱 볼에서 으깬다.

Tip 중간중간 작은 덩어리가 남아 있어도 된다.

2 토마토, 양파, 할라피뇨는 사방 1cm 크기로, 고수는 3cm 크기로 자른다.

3 으깬 아보카도에 나머지 재료를 모두 넣고 가볍게 섞는다. 최소 30분 숙성한다.

후무스

Hummus

병아리콩으로 만드는 중동의 국민 음식, 후무스. 후무스에는 참깨로 만드는 타히니 소스가 필요합니다. 푸드 프로세서에 우선 참깨 60g을 넣어 곱게 갈아 주세요. 이후에 올리브오일 25mL(20g), 소금 1g을 넣어 갈아 줍니다. 참고로 푸드 프로세서 크기에 비해 재료 양이 적으면 잘 안 갈려요. 이때는 양을 늘려서 갈아야 합니다. 타히니는 1개월간 냉장 보관 가능해요.

드레싱

- ☐ 레몬즙 45mL
- ☐ 타히니 80g
- ☐ 마늘 5g
- ☐ 소금 2g
- ☐ 쿠민 파우더 2g
- ☐ 올리브오일 30mL
- ☐ 삶은 병아리콩 240g
  (건조 병아리콩 120g)
- ☐ 생수 45mL

Check

◆ 타히니가 없으면 땅콩버터로 대체하세요. 단, 맛은 달라집니다.

Tip

◆ 조금 더 묽게 만들고 싶으면 생수를 소량 추가합니다.

◆ 유리 용기에 보관 시, 윗면이 마르지 않게 올리브오일을 소량 부어 보관합니다.

◆ 후무스를 서빙할 때는 보통 파프리카 파우더, 올리브오일을 살짝 둘러 서빙해요.

◆ 일주일 정도 냉장 보관 가능합니다.

1 건조 병아리콩에 물을 부어 콩이 2배 이상 부풀 때까지 12시간 정도 충분히 불린다.

2 냄비에 옮겨 중불에서 끓이다가 보글보글 끓기 시작하면 약불로 줄여 1시간 정도 충분히 끓인다.

3 체에 밭아 최대한 물기를 제거한다.

4 푸드 프로세서에 재료를 모두 넣어 고루 간다.

크림치즈 딥

Cream Cheese Dip

오이를 뺀 차지키 식감과 비슷하면서도 차지키보다 훨씬 부드러운 딥이에요. 야채 스틱에 찍어 먹어도, 담백한 크래커에 올려 먹어도, 빵에 스프레드처럼 발라 먹어도 좋습니다.

드레싱

☐ 크림치즈 200g

☐ 사워크림 200g

☐ 마요네즈 50g

☐ 파슬리 10g

☐ 딜 5g

☐ 소금 2g

☐ 마늘 5g

Check

◆ 사워크림은 그릭 요거트로 대체 가능합니다.

◆ 파슬리와 딜의 조합이 좋지만 없으면 다른 허브로 대체 가능합니다.

Tip

◆ 크림치즈, 사워크림은 말랑한 실온 상태로 사용해야 합니다. 만약 시간이 없다면 전자 레인지에 30초 정도 돌려서 사용하세요.

◆ 일주일 정도 냉장 보관 가능합니다. 냉장 보관 시 소스가 꾸덕해지는데, 실온에 30분 이상 두면 다시 부드러운 질감으로 됩니다.

1 푸드 프로세서에 모든 재료를 넣어 부드러운 상태가 될 때까지 고루 간다.

느억맘 소스

Nuoc Mam Sauce

베트남 현지인에게 배운 레시피입니다. 분짜, 짜조, 분보싸오 등 베트남 음식에 빠지지 않고 등장하는 소스예요. 꼭 베트남 음식이 아니더라도 한국식 볶음밥, 부침개 등에 소스로 뿌려도 잘 어울립니다.

드레싱

☐ 따뜻한 생수 100mL

☐ 멸치액젓 60mL

☐ 설탕 50g

☐ 레몬즙 40mL

☐ 다진 마늘 20g

☐ 다진 고추 2g

Tip

◆ 까나리액젓보다 멸치액젓이 느억맘과 더 비슷한 맛입니다.

◆ 매운맛 재료는 기호에 따라 가감하세요. 매운 고추로는 베트남 고추, 페퍼론치노를 사용합니다.

◆ 열흘 정도 냉장 보관 가능합니다.

1 따뜻한 생수, 멸치액젓, 설탕을 한데 넣어 설탕이 녹을 때까지 젓는다.

2 나머지 재료를 넣어 고루 섞는다.

3 하루 숙성 후 먹는다.

무반죽 식사빵

No-Knead Bread

힘들게 치댈 필요 없고, 무엇보다 좋은 재료로 가득 채워 밀도 높은 담백한 식사빵입니다. 오트밀, 씨앗류를 넣으면 빵의 부피를 좋은 재료로 채울 수 있고, 맛과 식감도 좋아져요.

주재료

- ☐ 강력분 300g
- ☐ 인스턴트
  드라이 이스트 4g
- ☐ 소금 5g
- ☐ 미지근한 물 250mL
- ☐ 꿀 30mL
- ☐ 롤드 오트 60g
- ☐ 호박씨 30g
- ☐ 해바라기씨 30g

토핑

- ☐ 롤드 오트 3g
- ☐ 호박씨 3g
- ☐ 해바라기씨 3g

Check

- ◆ 비건을 지향한다면 꿀 대신 메이플시럽을 사용하세요.
- ◆ 씨앗류가 없다면 동량의 견과류로 대체 가능합니다.
- ◆ 반죽의 발효가 끝나기 10분 전에 오븐을 200도로 예열합니다.

Tip

- ◆ 열흘 정도 냉장 보관, 3개월 정도 냉동 보관 가능합니다.
- ◆ 어떤 빵이든 냉장 보관 시 수분이 줄어들어 건조해집니다. 그래서 냉장 보관보다는 냉동 보관이 좋아요.

1 미지근한 물에 꿀을 넣어 녹인다.

2 믹싱 볼에 나머지 재료를 모두 넣어 고루 섞는다.

3 꿀을 녹인 물을 넣고 날가루가 보이지 않을 때까지 주걱으로 섞는다.

4 위생 랩 또는 유리 용기를 씌우고 따뜻한 실온에서 반죽이 2배 정도 부풀 때까지 2~3시간 발효한다.

5 2배 정도 부풀면 최소 12시간~최대 이틀 정도 냉장 발효한다.

6 손으로 대충 타원형으로 성형하고, 덧밀가루를 뿌린 팬 위에 반죽을 올린다.

Tip 모양에 신경 쓰지 않아도 된다. 대충 접는다.

7 반죽 위에 물을 소량 바른 후 토핑 재료를 붙인다.

8 위생 랩을 씌운 후 실온에서 40분 발효한다.

9 반죽 가운데에 칼집을 넣는다.

10 200도로 예열한 오븐에서 35분 굽는다.

11 식힘망 위에 꺼내서 20분 정도 식힌 후 자른다.

PART 3

수프&피클

SOUP &

PICKLE

버섯 수프 ○ 감자 수프 ○ 단호박 수프 ○ 프렌치 양파 수프 ○ 토마토 수프 ○ 스페인 가스파초 ○ 토마토 병아리콩 수프 ○
지중해식 비건 스튜 ○ 당근 수프 ○ 옥수수 수프 ○ 완두콩 수프 ○ 사워크라우트 ○ 버섯 피클 ○ 토마토 피클 ○ 양파 피클
○ 할라피뇨 피클 ○ 가지 피클 ○ 참외 피클 ○ 도추아 ○ 생강 초절임 ○ 부록③ 무반죽 식사빵

버섯 수프

Mushroom Soup

한 번 만들고 감동해서 버섯을 또 샀다는 후기가 많은 수프입니다. 고급 레스토랑이나 호텔에서 판매하는 풍미 깊고, 녹진한 버섯 수프를 그대로 재현해 보세요. 먹는 사람마다 반응이 폭발적이에요.

주재료

- ☐ 양송이버섯 250g
- ☐ 양파 160g
- ☐ 다진 마늘 5g
- ☐ 무염 버터 30g
- ☐ 통밀 가루 15g
- ☐ 물 150mL
- ☐ 우유 250mL
- ☐ 생크림 200mL
- ☐ 소금 3g
- ☐ 후추 적당량

Check

◆ 버터 대신 올리브오일로, 통밀 가루가 없으면 중력분으로 대체 가능합니다.

◆ 생크림이 없으면 우유만 사용해도 되나 고소함은 줄어듭니다.

Tip

◆ 2번 과정에서 양파는 숨이 죽고 반투명해질 때까지, 버섯은 연갈색으로 변할 때까지 볶으세요.

◆ 4번 과정에서 버섯은 모두 갈아도 좋지만 식감을 위해 건더기를 조금 남기고 가는 게 좋습니다. 저는 전체 수프 양의 70% 정도만 갈았어요.

◆ 농도를 조절하려면 물이나 우유를 추가합니다.

◆ 3일 정도 냉장 보관 가능합니다.

1 버섯은 밑동을 제거하고 0.3cm 두께로 썬다. 양파도 동일 두께로 썬다.

2 냄비에 버터를 넣어 중약불에서 녹인 후 마늘, 양파를 넣고 10분, 버섯을 넣고 10~15분, 통밀 가루를 넣고 3분 정도 차례로 볶는다.

3 미지근한 물을 넣고 중약불에서 3분 끓인 후 우유, 생크림을 추가해 잔거품이 올라올 때까지 5분 끓인다.

4 10분 식힌 후 블렌더에 갈고, 다시 냄비에 옮긴 후 추가로 5분 끓인다. 소금과 후추를 추가한다.

감자 수프

Potato Soup

베이컨, 치킨스톡, 사워크림 등을 넣는 버전도 있지만 이 레시피는 기본에 충실한 맛입니다. 입맛 까다로운 분들께도 합격점을 받은 맛. 먹는 사람마다 레시피를 물어보는 수프입니다.

주재료

- □ 감자 350g
- □ 양파 140g
- □ 무염 버터 15g
- □ 다진 마늘 10g
- □ 물 200mL
- □ 우유 250mL
- □ 생크림 200mL
- □ 체다 치즈 50g
- □ 소금 3g
- □ 후추 적당량

Check

◆ 버터 대신 올리브오일로 대체 가능합니다.

◆ 생크림이 없으면 우유만 사용해도 되나 고소함은 줄어듭니다.

Tip

◆ 1번 과정에서 양파는 숨이 죽고 반투명해질 때까지 볶으세요.

◆ 3번 과정에서 식감을 위해 감자 건더기를 조금 남기고 갈아도 되지만 감자 수프는 보통 100% 갈아 부드럽게 먹습니다. 저는 최대한 곱게 갈았어요.

◆ 농도를 조절하려면 물이나 우유를 추가합니다.

◆ 3일 정도 냉장 보관 가능합니다.

1 감자, 양파는 껍질을 벗기고 0.3cm 두께로 썬다. 냄비에 버터를 넣어 중약불에서 녹인 후 마늘, 양파를 넣고 10분 볶는다.

2 감자, 물을 넣어 뚜껑을 닫고 중불에서 10분 끓인다.

Tip 감자를 눌렀을 때 쉽게 으깨질 정도로 충분히 익어야 한다.

3 우유, 생크림을 넣고 중약불에서 잔거품이 올라올 때까지 5분 끓인다. 10분 식힌 후 블렌더에 간다.

4 다시 냄비에 옮긴 후 치즈를 넣고 중약불에서 추가로 5분 끓인다. 소금과 후추를 추가한다.

Tip 치즈가 완전히 녹아야 한다.

단호박 수프

Pumpkin Soup

단호박을 익히는 방법은 오븐, 찜기, 전자레인지 3가지가 있습니다. 편한 대로 익혀도 되지만 오븐에 구우면 당도가 높아지고 깊은 맛이 나므로 가능하면 오븐에 구워 사용해 보세요.

주재료

- □ 단호박 1.2kg
  (손질 전 무게)
- □ 무염 버터 15g
- □ 양파 200g
- □ 마늘 10g
- □ 물 600mL
- □ 생크림 200mL
- □ 꿀 15mL
- □ 소금 3g
- □ 후추 적당량

Check

- ◆ 버터 대신 올리브오일로 대체 가능합니다.
- ◆ 물 대신 채수, 치킨스톡도 가능해요.

Tip

- ◆ 저는 개인적으로 단호박 수프에 후추를 넣지 않습니다.
- ◆ 꿀을 소량 넣으면 단호박 특유의 단맛이 더욱 진해지는데, 맛있는 단호박을 사용하면 꿀을 넣지 않아도 충분히 달아요.
- ◆ 넛메그, 쿠민, 시나몬 파우더 등을 넣어도 되지만 단호박 수프는 이대로가 맛있습니다.
- ◆ 3일 정도 냉장 보관 가능합니다.

1 양파와 마늘은 얇게 썬다.

Tip 나중에 갈 거라 너무 얇게 썰지 않아도 된다.

2 단호박은 전자레인지나 오븐에 5분 정도 돌린 후 반 갈라서 씨를 뺀다.

Tip 단호박이 단단하므로 생으로 자르기는 어렵다.

3 유산지를 깐 팬에 노란 과육이 바닥을 향하도록 올린다.

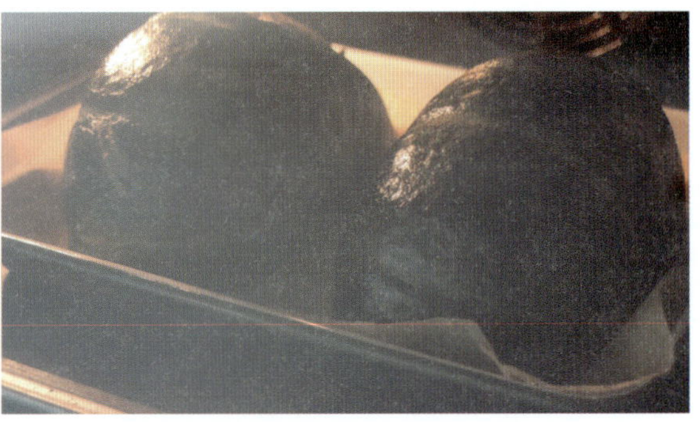

4 180도로 예열한 오븐에서 30~40분 굽는다.

Tip 단호박 크기에 따라 굽는 시간은 상이하다.

5 과육만 발라내서 푸드 프로세서에 갈아 단호박 퓌레를 만든다.

Tip 단호박 퓌레 550g이 나오는 분량이다.

6 냄비에 버터를 넣어 중약불에서 녹인 후, 마늘과 양파를 넣고 10분 볶는다.

7 단호박 퓌레, 물을 넣고 중약불에서 종종 저어 가며 15분 끓인다.

8 생크림을 넣고 중약불에서 종종 저어 가며 5~10분 끓인다.
Tip 잔거품이 조금씩 올라오면 불을 끈다.

9 10분 식힌 후 블렌더에 간다.
Tip 식힌 후 사용해야 블렌더에 무리가 가지 않는다.

10 다시 냄비에 옮긴 후 중약불에서 추가로 5분 끓인다.

11 소금, 후추를 추가한다. 맛본 후 단맛이 부족하면 꿀을 추가하여 고루 섞는다.

프렌치 양파 수프

정성이 가득 들어가는 슬로푸드이자, 추운 겨울 최고의 보양식 중 하나입니다. 오래 볶은 양파에서 나오는 단맛과 다양한 재료의 조화가 정말 좋아요.

주재료

□ 양파 1kg

□ 다진 마늘 15g

□ 무염 버터 40g

□ 중력분 15g

□ 와인 100mL

□ 육수 1000mL

□ 월계수 2장

□ 타임 1g

□ 소금 3g

□ 후추 적당량

□ 바게트 적당량

□ 그뤼에르 치즈 100g

Check

◆ 육수가 없으면 치킨스톡이나 사골국, 채수로 대체 가능해요.

◆ 그뤼에르 치즈가 없으면 모차렐라, 파마산으로 대체 가능합니다.

Tip

◆ 와인은 화이트/레드와인, 브랜디, 베르무트 모두 사용 가능합니다.

◆ 프렌치 양파 수프는 보통 소고기 육수를 사용해요. 소고기 육수를 내는 법은 아래와 같습니다.

　1) 양지(500g)는 찬물에서 20분 정도 핏물을 뺀다.

　2) 물(4L), 양파(1개), 대파(흰 부분 1개)를 냄비에 넣고 팔팔 끓기 시작하면 양지를 넣어 같이 끓인다. 10분은 센 불, 이후에는 중불로 줄여 40분 끓인다.

　3) 건더기를 모두 건진 후 사용한다.

◆ 3일 정도 냉장 보관 가능합니다.

1 양파는 채 썬다.

Tip 양파는 캐러멜라이징 하면 부피가 많이 줄기 때문에 양껏 사
용한다.

2 냄비에 버터를 넣어 중약불에서 녹인 후 양파를 넣는다.

3 양파의 숨이 많이 죽을 때까지는 5분에 한두 번 젓는다.

4 갈색으로 변하기 시작하면 자주 저어 가며 중불에서 1시간 정
도 볶는다.

Tip 양파가 쉽게 타므로 계속 저어야 한다.

5 원하는 색으로 캐러멜라이징 되면 마늘을 추가해 2분 정도
볶는다.

6 중력분을 넣고 2분 정도 볶는다.`

7 와인을 넣고 바닥에 눌어붙은 것을 전체적으로 긁어 디글레이즈 한다.

8 육수, 월계수, 타임을 추가해 뚜껑을 닫고 약불에서 20분 끓인다.

9 소금과 후추를 넣고 고루 섞는다.

Tip 허브는 이때 제거한다.

10 1인용 오븐 용기에 수프를 옮긴다.

11 위에 바삭하게 구운 바게트, 적당량의 치즈를 올린다.

12 200도로 예열한 오븐에서 치즈가 녹을 때까지 5~10분 굽는다.

토마토 수프

Tomato Soup

집에 있는 재료로 만드는 여름 수프입니다. 토마토를 구워서 사용하면 당도가 높아지고 흡수율도 높아져요. 설탕이 안 들어가도 천연 단맛이 가득합니다.

주재료

□ 방울토마토 300g

□ 올리브오일 30mL

□ 양파 50g

□ 당근 50g

□ 마늘 5g

□ 채수 250mL

□ 소금 3g

□ 후추 적당량

□ 발사믹식초 5mL

Check

◆ 큰 토마토로 만들어도 되지만 수분이 많아 오븐에 구울 때 시간이 오래 걸리고, 방울토마토보다는 단맛이 덜 올라옵니다.

◆ 채수가 없으면 물로 대체 가능해요. 수프의 농도는 액체 재료로 조절합니다.

Tip

◆ 발사믹식초는 생략 가능하지만 킥이 되는 재료예요. 발사믹 여부에 따라 맛의 차이가 큽니다.

◆ 일주일 정도 냉장 보관 가능합니다.

1 반 가른 방울토마토를 오븐용 팬에 올려 올리브오일(15mL), 소금(1g)을 넣고 고루 섞는다. 180도로 예열한 오븐에서 15분 정도 굽는다.

2 양파, 당근, 마늘은 채 썬다. 냄비에 올리브오일(15mL), 양파, 당근, 마늘을 넣고 중불에서 5분 볶는다.

Tip 타지 않도록 계속 젓는다.

3 토마토, 채수, 소금(2g), 후추를 넣고 중불에서 10분 끓인다. 10분 식힌 후 블렌더에 간다.

Tip 식힌 후 사용해야 블렌더에 무리가 가지 않는다.

4 다시 냄비에 옮긴 후 발사믹식초를 넣어 섞는다.

스페인 가스파초

불 쓰는 요리를 멀리하게 되는 여름. 스페인 안달루시아 지방의 대표 음식 가스파초를 만들어 보세요. 시원하게 먹는 여름용 수프입니다. 저는 토마토, 양파, 오이, 파프리카를 5:1:1:1 비율로 만드는데, 이를 기본으로 해서 재료를 가감해 보세요.

주재료

□ 토마토 500g

□ 양파 100g

□ 오이 100g

□ 파프리카 100g

□ 마늘 5g

□ 올리브오일 30mL

□ 식초 20mL

□ 소금 2g

□ 후추 적당량

Tip

◆ 오리지널 스페인 가스파초는 바질이 안 들어가지만 원하면 추가해도 좋아요.

◆ 냉장실에 하루 정도 숙성 후 먹으면 재료들이 더 잘 어우러져 훨씬 맛있어집니다.

◆ 3일 정도 냉장 보관 가능합니다.

1 토마토, 양파, 오이, 파프리카는 모두 큼지막한 크기로 자른다.

2 블렌더에 모든 재료를 넣어 간다.

3 후추를 적당량 뿌리고, 최소 반나절 정도 냉장 숙성 후 먹는다.

토마토 병아리콩 수프

건강한 식재료를 가득 넣어 만든 비건 수프입니다. 이 레시피에 애호박, 브로콜리, 버섯 등 원하는 재료를 추가해도 좋아요. 수프만 단독으로 먹어도 좋고, 빵에 찍어 먹어도 좋습니다. 파스타 소스로도 활용해 보세요.

주재료

- □ 삶은 병아리콩 400g
  (건조 병아리콩 200g)
- □ 감자 100g
- □ 양파 100g
- □ 다이스드
  토마토 통조림 250g
- □ 올리브오일 15mL
- □ 다진 마늘 5g
- □ 건파슬리 1g
- □ 건오레가노 1g
- □ 페퍼론치노 1g
- □ 소금 5g
- □ 물 또는 채수 800mL

Check

◆ 페퍼론치노가 없으면 청양고추로 대체 가능합니다.

Tip

◆ 4번 과정에서 재료는 모두 갈아도 좋지만 식감을 위해 건더기를 조금 남기고 가는 게 좋습니다. 저는 전체 수프 양의 70% 정도만 갈았어요.

◆ 수프 농도를 조절하고 싶으면 물이나 채수를 추가합니다.

◆ 3일 정도 냉장 보관 가능합니다.

1 건조 병아리콩에 물을 부어 12시간 정도 불린다. 냄비에 옮겨 중불에서 끓이다가 끓기 시작하면 약불로 줄여 1시간 정도 끓인다. 체에 밭아 최대한 물기를 제거한다.

2 감자와 양파는 얇게 썬다.

Tip 나중에 갈 거라 너무 얇게 썰지 않아도 된다.

3 냄비에 오일, 마늘을 넣고 중불에서 2분 볶은 후, 나머지 재료를 모두 넣고 중약불에서 1시간 끓인다.

4 10분 식힌 후 블렌더에 간 다음, 다시 냄비로 옮겨서 중약불에서 추가로 5분 끓인다.

Tip 식힌 후 사용해야 블렌더에 무리가 가지 않는다.

지중해식 비건 스튜

Greek Vegetable Stew

회사 도시락 메뉴로 즐겨 만든다는 후기가 많은 메뉴입니다. 비건을 지향하는 분들께 강추해요. 채소를 골고루 먹을 수 있어 좋고, 특히 가지가 무척 맛있어집니다. 차게 먹어도 맛있어요. 동물성 단백질을 원한다면 치킨을 조금 추가하세요.

주재료

☐ 가지 150g

☐ 파프리카 150g

☐ 양파 150g

☐ 삶은 병아리콩 150g
  (건조 병아리콩 75g)

☐ 다진 마늘 10g

☐ 토마토 통조림 400g

☐ 올리브오일 30mL

☐ 소금 4g

☐ 건오레가노 1g

☐ 다진 파슬리 3g

Tip

◆ 수프와 스튜는 다릅니다. 수프는 건더기가 작거나 없고, 액체 비중이 높습니다. 스튜는 건더기가 크고, 액체 비중이 낮습니다. 이 레시피는 액체를 최소화한 스튜입니다.

◆ 7번 과정에서 오레가노, 강황, 고수, 파프리카 파우더 등 좋아하는 건허브나 향신료를 추가해도 됩니다.

◆ 단독으로 먹어도, 그릭 요거트를 곁들여 먹어도, 브루스케타처럼 빵 위에 올려 먹어도 좋아요.

◆ 5일 정도 냉장 보관 가능합니다.

1 건조 병아리콩에 물을 부어 콩이 2배 이상 부풀 때까지 12시 간 정도 충분히 불린다.

2 냄비에 옮겨 중불에서 끓이다가 보글보글 끓기 시작하면 약 불로 줄여 1시간 정도 충분히 끓인다.

3 체에 밭아 최대한 물기를 제거한다.

4 가지는 2cm 두께로 잘라 4등분 후, 소금(2g)을 고루 뿌려 키 친타월 위에서 30분 절인다.

5 파프리카는 사방 2cm 크기로 자르고, 양파는 다진다.
Tip 양파는 채 썰거나 다지면 된다.

6 냄비에 오일, 마늘, 양파를 넣고 중약불에서 10분 볶는다.
Tip 양파가 숨이 죽고, 반투명해져야 한다.

7 파프리카, 건오레가노를 넣고 중약불에서 5분 볶는다.

8 다진 파슬리를 제외한 나머지 재료를 모두 넣어 약불에서 30
분 끓인다.

Tip 바닥이 타지 않게 중간중간 젓는다. 조금 묽게 먹고 싶다면
물을 100mL 정도 추가한다.

9 마지막으로 파슬리를 올린다.

당근 수프

들어간 재료만 보고 '이게 맛있을까?' 고민하신다면 그건 기우입니다. 5성급 호텔 레스토랑에서 파는 것 같다는 후기가 있는 고급스럽고 부드러운 수프입니다. 당근 안 좋아하시는 분들도 이 레시피 때문에 당근이 좋아졌다고 하셨어요. 뜨거워도, 차가워도 맛있습니다.

주재료

☐ 당근 700g

☐ 양파 100g

☐ 채수 1200mL

☐ 올리브오일 30mL

☐ 무염 버터 20g

☐ 다진 마늘 5g

☐ 생강 파우더 3g

☐ 레몬즙 15mL

☐ 소금 5g

☐ 후추 적당량

Tip

◆ 당근을 오븐에 구우면 당도가 올라가요.

◆ 채수는 파, 무, 양파, 다시마 등 냉장실 속 자투리 야채를 사용하면 됩니다. 물 2L와 야채를 중불로 끓이다가 팔팔 끓으면 약불로 줄여 40분 정도 진하게 끓입니다. 끓이면 1/3 정도는 증발해요.

◆ 수프 농도는 채수로 조절하세요.

◆ 버터를 소량 넣으면 수프가 굉장히 고소해집니다.

◆ 당근과 생강은 맛 궁합이 좋습니다.

◆ 3일 정도 냉장 보관 가능합니다.

1 당근은 1.5cm 두께로 자르고, 올리브오일(15mL)과 소금(1g)을 넣어 전체적으로 고루 섞는다.

2 오븐용 팬에 올리고 180도로 예열한 오븐에서 30분 굽는다.
Tip 15분 이후에 위아래를 뒤집는다.

3 양파는 채 썬다.
Tip 나중에 갈 거라 너무 얇게 썰지 않아도 된다.

4 냄비에 올리브오일(15mL), 양파, 소금(1g)을 넣고 중불에서 5분 볶는다.

5 마늘, 생강 파우더를 넣고 중불에서 1분 볶는다.

6 당근, 채수, 소금(3g)을 넣고 중불에서 끓이다가 팔팔 끓으면 약불로 줄여 15분간 더 끓인다.

7　버터를 넣고 녹인다.

8　10분 식힌 후 레몬즙을 넣고 블렌더에 곱게 간다.
Tip 식힌 후 사용해야 블렌더에 무리가 가지 않는다.

9　먹기 직전에 후추를 올린다.

옥수수 수프

Corn Soup

초당 옥수수는 일반 옥수수에 비해 당도가 2~3배 높아서 더 맛있는데요. 제철에 밥, 버터구이, 샐러드, 수프 등 다양하게 활용해 보세요. 초당 옥수수가 없다면 일반 옥수수로 대체해도 됩니다. 옥수수 제철이 아닐 때는 통조림 옥수수도 가능합니다.

주재료

□ 옥수수알 270g

□ 감자 130g

□ 양파 130g

□ 무염 버터 15g

□ 생크림 200mL

□ 물 500mL

□ 소금 6g

□ 후추 적당량

Check

◆ 버터 대신 올리브오일로 대체 가능합니다.

◆ 생크림이 없으면 우유로 대체 가능하나 고소함은 줄어들어요.

Tip

◆ 생옥수수 사용 시, 익혀서 사용하세요. 찜기에 옥수수를 올려 뚜껑을 닫아 15분 삶고, 5분간 뜸 들이세요. 옥수수를 세로로 세워 옥수수대에 가깝게 칼로 썰어 알만 떼어 내 사용합니다.

◆ 3일 정도 냉장 보관 가능합니다.

1 감자와 양파는 얇게 썬다.

Tip 나중에 갈 거라 너무 얇게 썰지 않아도 된다.

2 냄비에 버터를 넣어 중약불에서 녹인 후, 양파를 넣고 5분 볶는다. 양파가 숨이 죽으면 감자를 넣고 5분 볶는다.

3 옥수수, 물, 생크림을 넣고 잔거품이 올라올 때까지 5분 끓인다. 10분 식힌 후 블렌더에 간다.

Tip 식힌 후 사용해야 블렌더에 무리가 가지 않는다.

4 다시 냄비에 옮긴 후 중약불에서 추가로 5분 끓인다. 그리고 소금과 후추를 추가한다.

완두콩 수프

Pea Soup

4~6월은 완두콩 제철입니다. 제철이 아닌 시기에는 냉동 상태 완두콩으로 구입할 수 있어요. 밥에도 넣어 먹고, 이렇게 수프로도 만들어 보세요.

주재료

□ 완두콩 200g

□ 무염 버터 15g

□ 양파 150g

□ 감자 150g

□ 마늘 2개

□ 물 300mL

□ 우유 150mL

□ 생크림 150mL

□ 소금 5g

□ 꿀 15mL

Check

◆ 버터 대신 올리브오일도 가능합니다.

◆ 생크림이 없으면 우유만 사용해도 되지만 고소함은 줄어들어요.

◆ 비건으로 만들고 싶다면 버터는 올리브오일, 우유와 생크림은 코코넛밀크로 대체하세요.

Tip

◆ 꿀은 생략 가능합니다.

◆ 2번 과정에서 완두콩을 너무 익히면 색이 탁해지고 고소함도 덜해요.

◆ 3일 정도 냉장 보관 가능합니다.

1 양파, 감자, 마늘은 얇게 썬다. 냄비에 버터를 넣고 중약불에서 녹인 후 마늘, 양파를 넣고 5분 볶는다. 양파 숨이 죽으면 감자를 넣고 5분 볶는다.

2 양파, 감자가 70% 정도 익으면 물, 완두콩을 넣어 보글보글 끓기 직전까지 끓인다.

Tip 완두콩은 80% 정도만 익힌다.

3 우유, 생크림을 넣고 중약불에서 종종 저어가며 5~10분 끓인다. 10분 식힌 후 블렌더에 간다.

Tip 잔거품이 조금씩 올라오면 불을 끈다.

4 다시 냄비에 옮긴 후 중약불에서 추가로 5분 끓이고 소금을 추가한다. 맛본 후 단맛이 부족하면 꿀을 추가하여 고루 섞는다.

사워크라우트

Sauerkraut

일명 양배추 김치라 불리는 독일 김치, 사워크라우트. 유산균 덩어리 음식입니다. 깔끔하고 시원해서 백김치나 동치미 맛과 비슷한데요. 아삭하고 짭조름해서 느끼한 음식과 잘 어울려요.

주재료

☐ 양배추 1kg

☐ 소금 20g

Check

◆ 양배추는 적양배추와 반씩 섞어 사용해도 됩니다.

Tip

◆ 양배추를 주무르는 작업을 충분히 해야 즙이 많이 나와요.

◆ 보관 시, 양배추가 즙에 충분히 잠겨야 합니다. 만약 즙이 충분하게 나오지 않아 보관할 때 양배추가 즙에 잠기지 않는다면, 만든 첫날은 누름돌로 눌러 놓거나 2~3시간마다 한 번씩 국자로 꾹꾹 눌러 양배추를 즙에 잠기게 합니다.

◆ 3개월 냉장 보관 가능합니다.

1 양배추는 심지를 제거하고 1cm 두께로 썬다.

2 믹싱 볼에 썬 양배추, 소금을 넣고 양손으로 10분 정도 주무른다.

Tip 양배추즙이 최대한 많이 나오게 하는 게 핵심이다.

3 유리병에 양배추, 즙을 모두 넣는다.

4 뚜껑을 닫아 실온에서 3~5일 정도 발효한다.

버섯 피클

적당히 새콤하고 쫄깃쫄깃한 식감이 매력적인 피클입니다. 만들면 한 번에 반 병을 먹을 정도로 빨리 없어지지만, 한 달 이상 보관 가능한 저장 반찬이에요.

주재료

□ 양송이버섯 500g

□ 물 1.5L

□ 식초 50mL

□ 마늘 3~4개

□ 페퍼론치노 3개

절임액

□ 물 300mL

□ 설탕 10g

□ 소금 8g

□ 식초 60mL

□ 월계수잎 3장

Tip

◆ 양송이버섯은 끓이면 부피가 많이 줄어들어요. 통째로 사용해도 되고, 이등분해도 됩니다.

◆ 4번 과정에서 통후추, 로즈마리, 파슬리 등 좋아하는 향신료나 허브를 넣어도 됩니다.

◆ 재료들이 버섯에 잘 스며들도록 이틀 정도 숙성 후 먹는 게 더 맛있어요.

◆ 한 달 정도 냉장 보관 가능합니다.

1 양송이버섯은 밑동을 0.5cm 정도 자른 후 반으로 자른다. 마늘은 얇게 썬다.

2 냄비에 버섯, 물, 식초를 넣고 강불에서 끓인 후 체에 밭아 물을 뺀다.

Tip 보글보글 끓기 시작하면 중불로 줄이고, 이 때부터 15분간 끓인다.

3 냄비에 식초를 제외한 절임액 재료를 모두 넣어 끓인다.

Tip 중간중간 저어 가며 설탕과 소금이 녹을 때 까지 끓인다.

4 불을 끄고 식초를 추가한다. 유리 용기에 뜨 거운 절임액, 버섯, 마늘, 페퍼론치노를 넣어 보관한다.

토마토 피클

Pickled Tomato

토마토 마리네이드와는 또 다른 맛인 토마토 피클. 일식집에 많이 나오는 음식으로, 보통은 완성된 토마토 피클 위에 파슬리, 민트, 바질 등 허브 잎으로 장식해서 서빙합니다.

주재료

□ 토마토 300g

절임액

□ 생수 120mL

□ 다시마 3장
　(사방 5cm 크기)

□ 식초 60mL

□ 설탕 25g

□ 소금 6g

□ 간장 5mL

Check

◆ 일본 요리의 기본 육수인 다시물(가쓰오부시, 다시마, 멸치 등)이 들어가는 게 오리지널 토마토 피클입니다. 저는 담백하게 다시마로만 만들었지만 원하는 재료를 넣어 만드셔도 됩니다. 다시마도 없다면 그냥 생수를 사용하세요.

Tip

◆ 설탕은 최소한으로 사용했습니다. 달달한 피클을 원하시면 설탕을 조금 더 추가하세요.
◆ 5일 정도 냉장 보관 가능합니다.

1 생수에 다시마를 넣고 냉장실에서 반나절 이상 우린다. 믹싱 볼에 다시마 우린 물, 나머지 절임액 재료를 모두 넣어 고루 섞는다.

2 토마토는 꼭지를 뗀 후 X자로 칼집을 넣는다.

Tip 칼집을 내야 토마토 껍질이 수월하게 벗겨진다.

3 끓는 물에 토마토를 넣고 15초 데친 후, 뒤집어서 추가로 10초 데친다. 찬물에 10초간 넣었다 뺀 후 껍질을 벗긴다.

Tip 오래 데치면 토마토가 물러진다.

4 유리 용기에 토마토, 절임액을 넣어 보관한다. 냉장실에서 최소 6시간 절인 후 먹는다.

양파 피클

Pickled Onion

양파를 얇게 썰어 만들기 때문에 1시간 후부터 바로 먹을 수 있는 피클입니다. 적양파는 매운맛이 덜하고 냄새도 강하지 않아 생으로 먹는 샐러드에 많이 사용해요. 적양파가 없으면 일반 양파로 사용하세요. 샐러드, 타코, 샌드위치, 버거 등 각종 음식의 토핑이나 곁들임 음식으로 활용합니다.

주재료

□ 적양파 450g

절임액

□ 뜨거운 생수 480mL

□ 양조 식초 220mL

□ 설탕 40g

□ 소금 10g

Tip

◆ 설탕은 신맛을 중화하는 역할이므로 생략하면 안 됩니다.

◆ 마지막에 통후추와 통마늘을 몇 개 넣어 보관해도 됩니다.

◆ 2주 정도 냉장 보관 가능합니다.

1 껍질을 벗긴 양파는 0.3cm 두께로 얇게 썬다.

Tip 두께가 얇아야 절임액이 양파에 빨리 밴다.

2 믹싱 볼에 절임액 재료를 모두 넣고 설탕과 소금이 녹을 때까지 고루 섞는다.

3 보관 용기에 양파, 절임액을 넣어 실온에서 충분히 식힌다. 양파를 얇게 썰면 1시간, 두껍게 썰면 반나절 이후부터 먹을 수 있다.

할라피뇨 피클

Pickled Jalapeno

할라피뇨 고추는 일반 고추보다 과육이 두꺼워 더 아삭하게 즐길 수 있습니다. 시판용 할라피뇨는 물컹한 것도 많은데, 집에서 만들면 오랫동안 아삭함이 살아 있어요. 한식과 양식에 모두 잘 어울려서 매 끼니마다 꺼내 먹게 되는 제2의 김치 같은 존재입니다.

주재료

□ 할라피뇨 300g

절임액

□ 물 350mL

□ 식초 140mL

□ 설탕 140g

□ 소금 6g

□ 피클링 스파이스 6g

Check

◆ 피클링 스파이스가 없으면 좋아하는 향신료와 허브를 섞어 직접 만들어도 됩니다.

Tip

◆ 덜 맵게 먹고 싶다면 할라피뇨의 씨와 흰 부분(태좌)을 제거하고 만드세요.

◆ 만든 다음 날부터 먹어도 되지만 3~4일 후부터 먹는 게 가장 맛있습니다.

◆ 2달 정도 냉장 보관 가능합니다.

1 할라피뇨는 깨끗하게 세척 후 물기를 제거한다. 꼭지를 제거하고 0.5cm 두께로 자른다.

2 냄비에 절임액 재료를 모두 넣어 보글보글 끓을 때까지 약불에서 끓인다.

3 보관 용기에 할라피뇨, 뜨거운 절임액을 넣는다.

4 완전히 식으면 뚜껑을 닫고 실온에서 하루 보관 후 냉장 보관한다.

가지 피클

Pickled Eggplant

이태리 전채 요리에 많이 등장하는 새콤쫀득한 피클. 이태리식 피클은 보통 설탕을 생략하고 만든다고 해요. 설탕 없이도 충분히 맛있어요. 뒤돌면 생각나는 맛. 바게트 위에 크림치즈나 버터를 바르고 가지 피클을 올려서 드셔 보세요.

주재료

□ 가지 600g

□ 소금 10g

□ 얇게 썬 마늘 20g

□ 올리브오일
　30mL+180mL

□ 오레가노 2g

절임액

□ 물 100mL

□ 식초 100mL

Tip

◆ 허브(오레가노)는 필수 재료입니다. 생략하면 맛이 밋밋해져요.

◆ 1번 과정에서 가지를 절일 때 위에 누름돌이나 무거운 그릇(물을 담은)을 올려 놓으면
더 빨리 절일 수 있습니다.

◆ 일주일 정도 냉장 보관 가능합니다.

1　가지는 0.5cm 두께로 자른 뒤 소금을 넣어 고루 섞는다. 실온에서 1시간 절인 후 손으로 짜면서 최대한 수분을 제거한다.

2　냄비에 절임액 재료를 넣고 강불에서 끓이다가, 끓기 시작하면 중불로 줄이고 절인 가지를 넣어 2분 정도 끓인다. 그 다음 체에 올려 20분 정도 식힌다.

3　식힌 가지를 한 번 더 손으로 짜서 수분을 제거한다. 믹싱 볼에 가지, 올리브오일(30mL), 마늘, 오레가노를 넣고 고루 섞는다.

4　보관 용기에 재료를 모두 넣고, 재료가 푹 잠길 정도로 올리브오일을 채운 뒤 냉장실에서 하루 숙성한다.

참외 피클

제철이라 과일을 풍족하게 먹을 수 있을 때는 식재료를 다양하게 변주해서 즐겨 보세요. 참외도 장아찌, 무침, 깍두기, 피클 등으로 즐길 수 있는 과일입니다. 피클도 맛 좋은 참외로 만들어야 맛있어요.

주재료

☐ 참외 600g

절임액

☐ 물 300mL

☐ 식초 100mL

☐ 설탕 70g

☐ 소금 2g

Tip

◆ 참외 피클은 껍질째 먹기 때문에 유기농 참외를 구입하는 게 좋고, 깨끗하게 세척해서 사용하세요.

◆ 냉장실에서 하루 숙성 후 드세요. 바로 먹으면 간이 안 배어서 맛이 덜합니다.

◆ 5일 정도 냉장 보관 가능합니다.

1 절임액 재료를 냄비에 모두 넣고 끓이다가 보글보글 끓기 시작하면 불에서 내려 식힌다.
Tip 미지근해질 때까지 실온에서 충분히 식힌다.

2 참외의 양쪽 꼭지를 자른 후 세로로 반 가른다.

3 가운데 씨 부분을 제거하고 0.5cm 두께로 자른다.

4 보관 용기에 참외를 차곡차곡 쌓고, 절임액을 붓는다.

도추아

Do Chua

스프링롤, 반미, 분짜, 분싸오 등 베트남 요리 전반에 많이 사용하는 베트남식 김치, 도추아. 쉽게 말하면 무 당근 피클입니다. 쌀국수 전문점에서 많이 드셔 보셨을 거예요. 느억맘 소스와 마찬가지로 현지인에게 직접 배운 레시피를 한국인 입맛에 맞게 변형한 레시피입니다.

주재료

☐ 무 100g

☐ 당근 100g

절임액

☐ 설탕 60g

☐ 소금 9g

☐ 식초 75mL

Tip

◆ 5가지 기본 재료에 베트남 고추나 페퍼론치노 같은 매운 고추 2~3개 정도를 넣어 매콤하게 먹어도 좋습니다.

◆ 만들고 나면 처음에는 절임액이 부족한가 싶지만, 시간이 갈수록 야채에서 수분이 나와요.

◆ 1달 정도 냉장 보관 가능합니다.

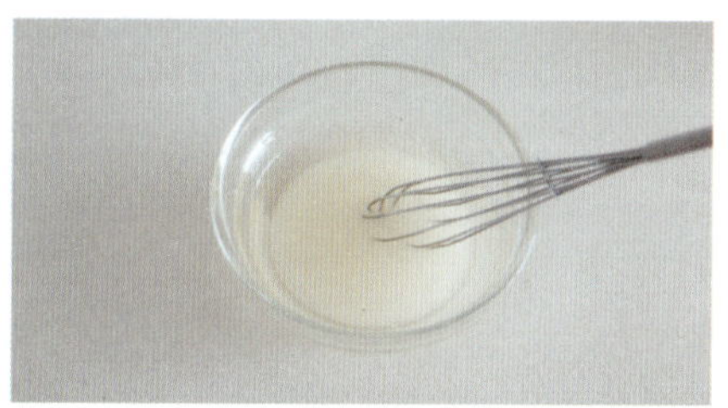

1 믹싱 볼에 절임액 재료를 모두 넣고 소금과 설탕이 녹을 때까지 잘 섞는다.

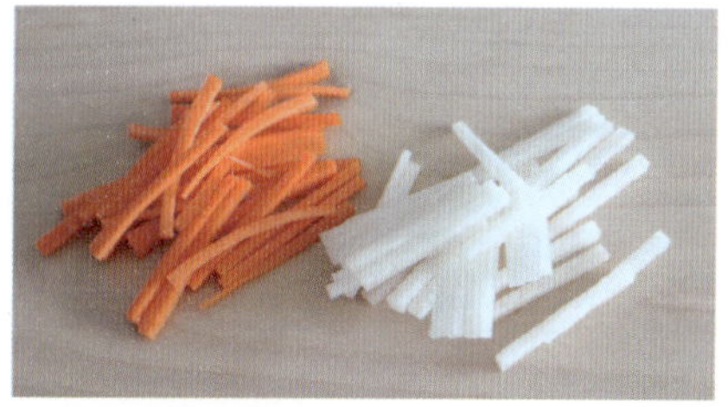

2 무, 당근은 길이 5cm, 두께 0.3cm로 채 썬다.

Tip 물결무늬 칼로 잘라도 된다.

3 무, 당근에 절임액을 넣고 고루 섞은 뒤 실온에서 1시간 절인다.

생강 초절임

Pickled Ginger

매년 10~11월에는 햇생강이 나옵니다. 이때 생강을 양껏 구입해서 손질해 놓으면 좋아요. 햇생강은 껍질이 얇아 손질하기 편하고, 무엇보다 매운맛이 덜해 생강 초절임으로 만들면 좋습니다. 기름지거나 느끼한 음식과 같이 먹으면 개운하게 입안이 정리되는 맛이라, 햇생강 철에는 항상 만들어 놓고 있어요.

주재료

□ 생강 280g

□ 물 700mL

□ 소금 5g

절임액

□ 물 120mL

□ 식초 120mL

□ 설탕 60g

□ 소금 5g

Tip

◆ 설탕은 20g 정도 더 넣어도 됩니다.

◆ 일주일 정도 숙성 후 드세요.

◆ 1년 정도 냉장 보관 가능합니다.

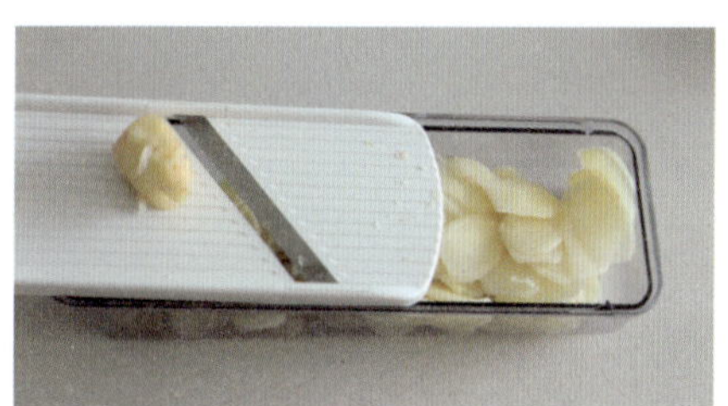

1 생강은 껍질을 깨끗하게 벗긴 후 1mm 정도 두께로 썬다.

Tip 채칼을 사용해야 일정한 두께로 썰 수 있다.

2 냄비에 물, 소금을 넣고 팔팔 끓으면 생강을 넣어 1~2분 데친다.

Tip 매운맛이 강한 저장 생강은 길게, 매운맛이 약한 햇생강은 짧게 데친다.

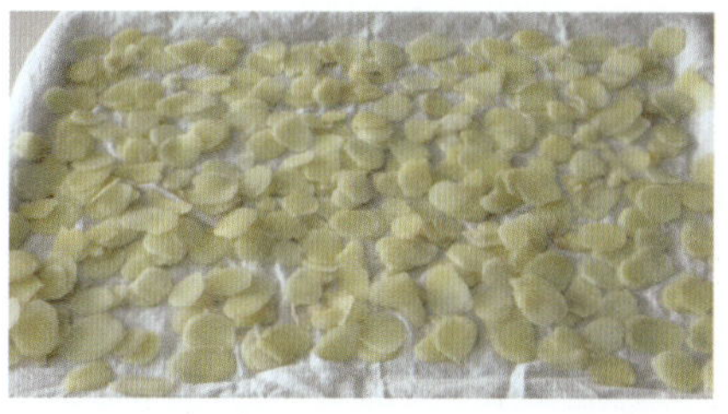

3 체에 밭쳐 물기를 제거한 후 키친타월이나 체, 면포 등에 넓게 펴서 수분을 적당히 제거한다.

Tip 생강끼리 겹치지 않게 펴야 금방 마른다.

4 냄비에 절임액 재료를 모두 넣고 소금과 설탕이 녹을 때까지 끓인다. 보관병에 생강과 뜨거운 절임액을 넣는다.

Tip 완전히 식으면 뚜껑을 닫아 냉장 보관한다.

무반죽 식사빵

No-Knead Bread

겉은 바삭, 속은 촉촉한 무반죽 빵입니다. 치대는 과정 없이 실온에서 장시간 발효하는 게 이 빵의 핵심이에요.

주재료

□ 강력분 230g

□ 인스턴트
　드라이 이스트 1.5g

□ 소금 5g

□ 꿀 15g

□ 미지근한 물 220mL

□ 견과류 60g

□ 건과일 60g

Check

◆ 꿀은 메이플시럽으로 대체 가능합니다.

◆ 반죽의 발효가 끝나기 10분 전에 오븐을 240도로 예열합니다. 예열한 오븐에 오븐용 냄비(지름 18cm)와 뚜껑을 넣고 10분 정도 예열합니다.

Tip

◆ 견과류는 호두나 피칸, 건과일은 건포도, 건크랜베리, 건무화과 등 좋아하는 재료로 사용하세요.

◆ 선선한 실온에서 3일, 냉장에서 5일, 냉동에서 3개월 보관 가능합니다.

1 미지근한 물에 꿀을 넣어 녹인다.

2 믹싱 볼에 가루 재료만 넣어 섞는다.

3 견과류, 건과일, 미지근한 물을 넣고 날가루가 보이지 않을 때까지 주걱으로 섞는다.

4 위생 랩 또는 유리 용기를 씌우고 따뜻한 실온에서 반죽이 2배 정도 부풀 때까지 12~18시간 발효한다.

5 작업대 위에 덧밀가루를 소량 뿌린 후 발효를 끝낸 반죽을 옮긴다.

6 반죽을 안쪽으로 5~6회 접으면서 대충 원형으로 만든 후 뒤집어서 유산지에 옮긴다.

Tip 모양에 신경 쓰지 않아도 된다. 대충 접는다.

7 반죽 윗면에 X자로 칼집을 넣는다.

8 유산지째 믹싱 볼에 넣은 후 위생 랩을 씌우고 실온에서 30분 발효한다.

9 예열이 끝난 냄비를 꺼낸 후 유산지를 오므려 냄비 안에 반죽을 넣고 뚜껑을 닫는다.

10 240도로 예열한 오븐에서 30분 구운 후, 뚜껑을 열고 추가로 5분 굽는다.

11 식힘망 위에 꺼내서 10분 정도 식힌 후 자른다.

PART 4

브런치

BRUNCH

매콤 치킨 조림 ○ 오븐 치킨 구이 ○ 기로스 ○ 허니 갈릭 치킨 ○ 크리미 갈릭 치킨 ○ 버터 치킨 커리 ○ 슈니첼 ○ 치킨 마리네이드 ○ 치킨 텐더 ○ 포테이토 로스티 ○ 버섯 오픈 샌드위치 ○ 오코노미야키 ○ 토마토 오픈 샌드위치 ○ 토마토 마늘 오븐 구이 ○ 토마토 새우 오븐 구이 ○ 지중해식 생선 요리 ○ 허니 갈릭 피시 ○ 허니 갈릭 슈림프 ○ 갈릭 버터 땅콩호박 구이 ○ 미소 가지 구이 ○ 병아리콩 비건 커리 ○ 병아리콩 프리터 ○ 브로콜리 프리터 ○ 맥앤치즈 ○ 베이크 페타 파스타 ○ 콜드 파스타 ○ 이탈리안 미트볼 ○ 부록④ 무반죽 식사빵

매콤 치킨 조림

Spicy Braised Chicken

집에 있는 재료로 만드는 매콤한 닭 요리입니다. 소스를 충분히 올려 먹고 싶다면 소스만 더 만들어도 됩니다. 밥에 닭과 함께 소스를 듬뿍 올려 드세요.

주재료

- ☐ 닭 가슴살 또는
  닭 넓적다리살 350g
- ☐ 소금 2g
- ☐ 후추 적당량
- ☐ 올리브오일 30mL
- ☐ 물 45mL

소스

- ☐ 케첩 45g
- ☐ 다진 마늘 10g
- ☐ 간장 15mL
- ☐ 식초 15mL
- ☐ 꿀 15mL
- ☐ 홀그레인 머스터드 10g
- ☐ 건파슬리 1g
- ☐ 고춧가루 2g

Tip

- ◆ 닭은 껍질과 뼈가 없는 것으로 준비하세요.
- ◆ 냉동 닭 사용 시, 냉장실에서 하루 정도 해동 후 사용하세요.
- ◆ 매운맛을 좋아하면 고춧가루, 칠리 파우더, 크러시드 레드 페퍼 등을 추가하세요.
- ◆ 3일 정도 냉장 보관 가능합니다.

1 덩어리 닭은 먹기 좋은 크기로 자른 뒤 닭의 앞뒤에 소금, 후추를 뿌려 밑간한다.

2 소스 재료를 모두 섞는다. 닭을 소스에 넣고 살짝 턴 뒤 오일을 두른 팬에 올린다.

3 사방이 모두 익을 때까지 중강불에서 위아래를 각각 3분 전후로 굽는다.
Tip 충분히 익힌 후 뒤집는다.

4 남은 소스에 물을 넣어 고루 섞은 뒤 팬에 붓고, 되직해질 때까지 2분 이상 조린다.
Tip 소스를 닭에 올려 가며 중간중간 젓는다.

오븐 치킨 구이

Baked Chicken

그간 퍽퍽한 닭 가슴살만 드셨다면 이 레시피를 따라해 보세요. 전혀 퍽퍽하지 않게, 촉촉하고 부드럽게 드실 수 있습니다. 뜨거울 때 먹는 게 가장 좋아요.

주재료

☐ 닭 가슴살 400g

☐ 소금 25g

☐ 물 500mL

☐ 녹인 무염 버터 20g

양념

☐ 소금 2g

☐ 후추 1g

☐ 마늘 파우더 1g

☐ 파프리카 파우더 1g

☐ 커리 파우더 1g

Check

◆ 버터는 올리브오일로 대체 가능하나, 버터를 사용하면 풍미가 더 좋고 구움색도 더 납니다.

Tip

◆ 소금, 후추는 필수 재료입니다. 이외의 향신료는 생략 가능하나 다양하게 넣어야 풍미가 좋아요.

◆ 파프리카 파우더는 먹음직스러운 붉은 색감과 은은한 매운맛을 더하는 재료입니다.

◆ 양념 재료에 크러시드 레드 페퍼, 이탈리안 허브 믹스를 추가해도 좋습니다.

◆ 오븐 사양에 따라 오븐 온도, 굽는 시간은 상이해요.

◆ 3일 정도 냉장 보관 가능합니다.

1 믹싱 볼에 소금, 물을 넣어 고루 섞는다. 소금물에 닭을 넣고 20분 정도 염지한다.
Tip 소금이 완전히 녹지 않아도 된다.

2 닭을 흐르는 물에 헹구고 키친타월 위에 올려 물기를 제거한다. 닭의 위아래에 녹인 버터를 충분히 바른다.

3 양념 재료를 모두 섞은 후 닭의 위아래에 고루 뿌리고 가볍게 문지른다.

4 오븐용 팬에 옮기고 230도로 예열한 오븐에서 20분 전후로 굽는다. 오븐에서 꺼낸 후 10분 정도 포일 또는 뚜껑을 덮어 레스팅 한다.

기로스

우리나라 분식처럼 그리스에서 대중적인 음식이 기로스입니다. 미국 레스토랑에서도 많이 보이는 메뉴. 돼지, 소, 양고기 등
으로 만들어도 되지만 저는 주로 닭으로 만들어요. 껍질과 뼈가 없는 고기로 준비하세요.

주재료

□ 닭 안심 또는 닭 가슴살
　또는 닭 넓적다리살 500g

□ 올리브오일 15mL

마리네이드 소스

□ 그릭 요거트 70g

□ 다진 마늘 10g

□ 소금 3g

□ 건오레가노 3g

□ 쿠민 파우더 2g

□ 파프리카 파우더 2g

□ 식초 15mL

□ 레몬즙 15mL

□ 올리브오일 15mL

□ 후추 적당량

추가 재료

□ 피타 또는 플랫 브레드

□ 차지키 소스

□ 각종 야채
　(토마토, 적양파,
　파프리카 등)

Tip

◆ 기로스는 작은 형태가 좋으므로 잘게 잘려 있는 닭 안심으로 만드는 게 편해요.

◆ 다양한 향신료를 사용해야 본토에서 먹는 그 맛이 납니다. 모두 구비하기 힘들다면 쿠민, 파프리카 파우더는 생략하고, 오레가노는 꼭 넣어 주세요. 다양하게 넣어야 풍미가 좋아집니다.

◆ 소스는 고기를 부드럽게 하고 잡내를 없애는 역할을 합니다.

◆ 3일 정도 냉장 보관 가능합니다.

1 마리네이드 소스 재료를 모두 섞는다. 유리 용기나 지퍼 백에 닭, 소스를 넣고 고루 섞은 뒤 냉장실에서 3~12시간 절인다.

Tip 오래 절일수록 풍미가 좋다.

2 팬에 오일을 두르고 중강불에 닭을 올려 사방이 익을 때까지 위아래 각각 3분 전후로 굽는다.

Tip 남는 소스는 넣지 않는다. 닭 크기에 따라 익는 시간은 상이하다.

3 피타 또는 플랫 브레드를 데운 다음, 빵 가운데 부분에 차지키 소스(86p)를 바른다.

4 야채(토마토, 적양파, 파프리카 등), 치킨 적당량을 올린다. 빵을 반만 접거나 좌우를 접어 감싸 기로스 형태로 만든다.

허니 갈릭 치킨

Honey Garlic Chicken

이제 치킨은 배달 안 시켜도 되겠다는 후기가 넘쳐흐르는 닭 가슴살 레시피입니다. 집에 있는 재료로 만드는 닭 가슴살 레시피의 끝판왕! 식감은 촉촉&부드럽고, 특히 소스가 정말 맛있어요. 이 소스에 소고기, 돼지고기, 해산물, 두부, 가지를 볶아 먹어도 꿀맛입니다.

주재료

- ☐ 닭 가슴살 또는
  닭 넓적다리살 400g
- ☐ 소금 1g
- ☐ 후추 적당량
- ☐ 박력분 또는 중력분 25g
- ☐ 무염 버터 40g

소스

- ☐ 꿀 120g
- ☐ 뜨거운 물 15mL
- ☐ 간장 20mL
- ☐ 식초 20mL
- ☐ 크러시드 레드 페퍼 2g
- ☐ 다진 마늘 20g

Check

◆ 버터는 올리브오일로 대체 가능합니다.

Tip

◆ 닭은 껍질, 뼈가 없는 것으로 준비하고, 닭이 두껍다면 반으로 잘라 사용하세요.

◆ 매운맛을 좋아하면 고춧가루, 칠리 파우더, 크러시드 레드 페퍼 등을 추가하세요.

◆ 다시 가열하면 조금 퍽퍽해지기 때문에 뜨거울 때 바로 먹는 게 가장 좋습니다. 다시 데워 먹을 때는 물을 소량 추가해서 데워 주세요.

◆ 3일 정도 냉장 보관 가능합니다.

1 소스 재료를 모두 섞는다.

2 닭의 앞뒤에 소금, 후추를 뿌려 밑간한 후, 닭의 앞뒤를 밀가루로 코팅한다.

Tip 밀가루는 닭 표면을 바삭하게 만들고, 소스가 잘 붙도록 한다.

3 팬에 버터를 넣어 중약불에서 녹인 후, 닭을 올려 사방이 익을 때까지 중강불에서 아래 3분, 뒤집어서 2분 전후로 굽는다.

Tip 닭 크기에 따라 익는 시간은 상이하다.

4 소스를 넣고 소스가 되직해질 때까지 5분 정도 조린다.

Tip 소스가 너무 되직해지면 물을 소량 추가한다.

크리미 갈릭 치킨

Creamy Garlic Chicken

소스 한 방울까지 아낌없이 먹게 되는 치킨 메뉴입니다. 브런치 플레이트를 구성하거나 파스타 토핑으로 올려도 좋고, 남은 소스로 파스타를 만들어도 좋아요.

주재료

☐ 닭 가슴살 400g

☐ 소금 1g

☐ 후추 적당량

☐ 박력분 또는 중력분 25g

소스

☐ 무염 버터 35g

☐ 다진 마늘 25g

☐ 육수 100g

☐ 레몬즙 5mL

☐ 생크림 또는 우유 250g

☐ 소금 2g

☐ 크러시드 레드 페퍼 2g

☐ 생허브 10g

☐ 후추 적당량

전분물

☐ 뜨거운 물 15mL

☐ 옥수수 전분 5g

Check

◆ 버터는 올리브오일로 대체 가능합니다.

◆ 육수는 채수, 물로 대체 가능합니다.

◆ 생크림이 없다면 우유만 사용해도 되지만 풍미는 줄어들어요.

Tip

◆ 닭은 껍질, 뼈가 없는 것으로 준비하고, 닭이 두껍다면 반으로 잘라 사용하세요.

◆ 허브는 파슬리, 로즈마리, 타임 등 좋아하는 것으로 사용하세요.

◆ 소스가 되직하지 않은 게 좋다면 전분물은 생략해도 됩니다.

◆ 뜨거울 때 바로 먹는 게 가장 좋습니다.

◆ 3일 정도 냉장 보관 가능합니다.

1 뜨거울 물에 전분을 넣고 전분이 완전히 녹을 때까지 섞는다.

2 닭의 앞뒤에 소금, 후추를 뿌려 밑간한다.

3 닭의 앞뒤를 밀가루로 코팅한다.

Tip 닭 표면을 바삭하게 만들고, 소스가 잘 붙도록 한다.

4 팬에 버터(20g)를 넣어 중약불에서 녹인 후 닭을 올린다.

5 사방이 모두 익을 때까지 중강불에서 위아래 각각 3분 전후로 굽는다.

Tip 닭 크기에 따라 익는 시간은 상이하다.

6 닭이 다 익으면 접시에 꺼내 놓는다.

7 중약불에 버터(15g)를 넣고 녹으면 마늘을 넣어 3분 정도 볶는다.

Tip 마늘이 연갈색이 될 때까지 볶는다.

8 육수와 레몬즙을 넣고 바닥을 긁으며 디글레이즈 한다.

9 반 정도로 줄어들 때까지 3분 정도 저어 가며 졸인다.

10 생크림 또는 우유, 전분물, 소금, 크러시드 레드 페퍼를 넣어 가볍게 섞는다.

11 치킨을 넣고 소스가 보글보글 끓을 때까지 3분 정도 끓인다.

Tip 소스를 닭 위에 뿌려 가며 끓인다. 오래 끓이면 안 된다.

12 허브나 후추를 뿌린다.

버터 치킨 커리

전세계적으로 유명한 인도 음식 중 하나입니다. 가람 마살라, 쿠민 파우더, 강황 파우더는 버터 치킨 커리의 맛을 결정하는 향신료라, 맛집에서 먹는 그 맛을 내려면 꼭 필요한 재료에요.

주재료

☐ 닭 가슴살 800g

☐ 무염 버터 30g

마리네이드 소스

☐ 플레인 요거트 120g

☐ 다진 마늘 10g

☐ 다진 생강 5g

☐ 가람 마살라 5g

☐ 쿠민 파우더 2g

☐ 강황 파우더 2g

☐ 소금 3g

☐ 크러시드 레드 페퍼 2g

☐ 레몬즙 15mL

커리 소스

☐ 무염 버터 15g

☐ 다진 마늘 5g

☐ 가람 마살라 1g

☐ 강황 파우더 1g

☐ 쿠민 파우더 1g

☐ 토마토 통조림 400g

☐ 생크림 250mL

☐ 설탕 15g

☐ 소금 5g

Check

◆ 버터는 올리브오일로 대체 가능합니다.

◆ 크러시드 레드 페퍼는 고춧가루, 칠리 파우더로 대체 가능합니다.

Tip

◆ 닭은 껍질, 뼈가 없는 것으로 준비하세요.

◆ 버터 치킨에 버터를 많이 넣는 식당도 있지만 적당히 넣어야 기름지지 않아요.

◆ 보통 통조림 식재료는 지양하는 편인데요, 열을 가하는 요리를 할 때는 통조림 형태의 토마토를 가끔 사용합니다. 보통 토마토는 초록색일 때 수확해서 후숙하는데, 통조림 토마토는 빨갛게 익은 상태에서 수확해 만들기 때문에 요리했을 때 훨씬 진한 맛을 냅니다. 그래서 불을 사용하는 몇몇 요리에는 통조림 토마토를 사용하는 게 훨씬 맛있어요.

◆ 취향에 따라 먹기 직전에 고수를 넣으셔도 됩니다.

◆ 매운맛을 좋아하면 마지막에 크러시드 레드 페퍼를 조금 추가하세요.

◆ 버터 치킨 커리는 만들고 시간이 갈수록 더 맛있어집니다.

◆ 3일 정도 냉장 보관 가능합니다.

1 닭 가슴살은 먹기 좋은 크기로 자른다.

2 마리네이드 소스 재료를 모두 섞은 다음, 닭에 소스를 넣어 고루 섞는다.

Tip 플레인 요거트는 고기를 부드럽게 한다.

3 냉장실에서 최소 3시간, 최대 24시간 절인다.

4 팬에 버터(30g)를 넣고 중약불에서 녹인 후, 소스를 어느 정도 털어 낸 닭을 올린다.

5 사방이 흰색으로 보일 때까지 중강불에서 위아래 각각 2분 전후로 굽는다.

Tip 이 단계에서 닭이 100% 익지 않아도 된다. 닭 크기에 따라 익는 시간은 상이하다.

6 닭을 재웠던 그릇에 옮겨 놓는다.

7 팬을 닦고 중약불에 버터(15g)를 녹인 후, 마늘을 넣어 1분 볶는다.

8 가람 마살라, 강황 파우더, 쿠민 파우더를 넣고 15초 볶는다.

9 토마토 통조림을 넣고 중불에서 10분 졸인다.

Tip 중간중간 젓는다.

10 10분 식힌 후 블렌더에 간다.

Tip 식힌 후 사용해야 블렌더에 무리가 가지 않는다.

11 팬에 익힌 닭, 남은 마리네이드 소스, 블렌더에 간 재료, 생크림, 소금, 설탕을 넣는다.

12 약불에서 10분 익힌다.

Tip 닭이 완전히 익고, 소스가 되직해져야 한다.

슈니첼

Schnitzel

독일어권 유럽에서 흔한 닭 가슴살 음식. 우리가 보통 치킨가스라 부르는 슈니첼입니다. 소고기, 돼지고기, 닭고기 등 다양한 육류로 만들 수 있어요.

주재료

- ☐ 닭 가슴살 500g
- ☐ 박력분 또는 중력분 30g
- ☐ 소금 4g
- ☐ 후추 적당량
- ☐ 레몬 제스트 6g
- ☐ 달걀 2개(특란 기준)
- ☐ 빵가루 50g
- ☐ 올리브오일 45mL

Check

◆ 올리브오일은 기버터로 대체 가능합니다. 기버터로 구우면 풍미가 훨씬 좋아요.

Tip

◆ 슈니첼은 주로 매시트포테이토, 프렌치프라이, 오이 샐러드, 레몬 한두 조각 정도를 곁들여 먹습니다. 그때그때 집에 있는 사이드 디시와 함께 드세요.

◆ 3일 정도 냉장 보관 가능합니다. 냉장 보관 후 데워 먹을 때는 오븐이나 에어 프라이어를 170도로 예열 후, 동일 온도에서 10~15분 정도 구워 주세요.

1 밀가루, 소금(3g), 후추, 레몬 제스트를 고루 섞는다. 달걀에 소금(1g)을 넣고 고루 푼다.

Tip 레몬 제스트는 닭의 잡내를 제거하는 역할을 한다.

2 지퍼 백 안에 닭을 넣고 요리용 망치 또는 밀대로 0.8~1.2cm 두께로 편다.

Tip 얇게 펴는 게 정석이긴 하지만, 최대 1.2cm 정도까지 가능하다.

3 닭을 밀가루로 코팅하고 달걀물을 적신 다음, 빵가루를 고루 묻힌다.

Tip 밀가루와 달걀물은 최대한 털어 낸다. 빵가루는 닭에 많이 붙도록 손으로 살짝 누른다.

4 팬에 오일을 두르고 닭을 중강불에서 위아래 각각 2분 전후로 굽는다. 다 익으면 키친타월에 올려서 기름을 뺀다.

Tip 바삭하고 구움색이 충분히 나야 한다. 구움색이 많이 진하면 불을 조금 줄인다.

치킨 마리네이드

Chicken Marinade

닭 안심은 닭 가슴살보다 작아서 빨리 익고, 퍽퍽하지 않은 부드러운 식감입니다. 저는 닭 안심을 사용하지만 닭 가슴살로 대체 가능해요. 잡내 전혀 안 나고, 상큼함과 담백함이 가득합니다.

주재료

□ 닭 안심 500g

□ 올리브오일 30mL

마리네이드 소스

□ 무가당 그릭 요거트 70g

□ 올리브오일 15mL

□ 레몬즙 45mL

□ 소금 5g

□ 다진 마늘 15g

□ 건허브 1g

□ 후추 적당량

요거트 소스

□ 무가당 그릭 요거트 160g

□ 올리브오일 30mL

□ 레몬즙 10mL

□ 소금 3g

□ 다진 마늘 5g

□ 생수 10mL

Tip

◆ 부드러운 식감을 원하면 닭 힘줄을 제거하되, 이 과정은 생략 가능합니다.

◆ 허브는 파슬리, 바질 등 원하는 것으로 사용하세요.

◆ 요거트 소스는 치킨을 굽기 최소 1시간 전에 재료를 모두 섞어 놓고 숙성하세요.

◆ 먹기 직전에 올리브오일을 살짝 뿌려서 드세요.

◆ 3일 정도 냉장 보관 가능합니다.

1 닭 힘줄을 가위로 제거한다. 닭은 너무 작지 않게 먹기 좋은 크기로 자른다.

2 마리네이드 소스 재료를 모두 섞은 후, 닭과 소스를 섞어 냉장실에서 12~24시간 절인다.

3 팬에 오일을 두르고 소스를 최대한 털어 낸 닭을 올려서 강불에서 위아래 각각 2분 전후로 굽는다.

Tip 한꺼번에 닭을 팬에 가득 올리면 안 된다.

4 한 번 굽고 나면 팬을 키친타월로 닦은 후에 나머지 닭을 굽는다. 익은 닭에 요거트 소스를 듬뿍 뿌린다.

Tip 올리브오일을 한 바퀴 둘러도 된다.

치킨 텐더

Chicken Tender

보통 치킨 텐더는 기름에 튀겨서 만드는데, 튀김은 기름지고 무엇보다 조리 과정이 번거로우셨죠? 오븐에 한번 구워 보세요. 겉은 바삭, 속은 촉촉한 부드러운 치킨 텐더가 완성됩니다. 보통 닭 안심으로 만들지만 닭 가슴살로 대체 가능합니다. 그릭 요거트 드레싱(88p)에 찍어 드세요.

주재료

☐ 닭 안심 500g

☐ 올리브오일 적당량

☐ 빵가루 100g

마리네이드 소스

☐ 달걀 1개(특란 기준)

☐ 마요네즈 15g

☐ 머스터드 15g

☐ 박력분 또는 중력분 15g

☐ 소금 3g

☐ 커리 파우더 1.5g

☐ 후추 적당량

Tip

◆ 부드러운 식감을 원하면 1번 과정 전에 닭 힘줄을 제거하되, 이 과정은 생략 가능합니다.

◆ 닭이 익는 속도와 빵가루의 구움색이 나는 시간이 다르므로 빵가루를 미리 충분히 구워서 사용합니다. 구울 때는 2분에 한 번씩 위아래를 고루 섞어 주세요.

◆ 닭 크기에 따라 익는 시간은 다르지만 너무 오래 익히면 퍽퍽해져요.

◆ 3개월 냉동 보관 가능합니다. 이후에 해동할 때는 200도로 예열한 오븐에서 3~5분 데워 드세요.

1 마리네이드 소스 재료를 모두 섞은 후, 닭과 소스를 섞어 실온에서 2시간 재운다.

Tip 시간이 없다면 바로 구워도 되지만 풍미가 덜하다.

2 오븐용 팬에 빵가루를 펼치고 전체적으로 오일을 분사한다. 200도로 예열한 오븐에서 구움색이 날 때까지 8분 이상 굽는다.

Tip 굽는 시간이 아닌 구움색으로 판단한다.

3 최대한 소스를 턴 닭에 빵가루를 골고루 묻히고, 전체적으로 오일을 분사한다.

Tip 빵가루가 뭉치지 않도록 살살 털어서 팬 위에 올린다.

4 200도로 예열한 오븐에서 15~20분 굽는다.

Tip 오븐 그릴망에서 굽는 게 더 고루 익지만, 일반 오븐용 팬에서 구워도 된다.

포테이토 로스티

스위스 전통 요리인 포테이토 로스티. 밀가루 없이 만드는 겉은 바삭, 속은 촉촉한 서양식 감자전입니다. 로스티는 큰 사이즈로 만드는 게 일반적이나 익는 속도를 높이고, 먹기 편하도록 작게 만들어도 됩니다. 그냥 먹어도 좋고 케첩에 찍어 먹어도 맛있어요.

주재료

☐ 감자 850g

☐ 녹인 무염 버터 또는
　기버터 15g

☐ 소금 5g

☐ 후추 적당량

Check

◆ 로스티를 부칠 때 오일 또는 버터를 사용하는데, 발연점과 풍미를 동시에 충족하려면 기버터가 가장 좋아요. 일반 버터는 발연점이 낮아 금방 탑니다. 기버터가 없다면 일반 무염 버터와 오일을 반씩 섞어 사용하세요.

Tip

◆ 팬에 다음 반죽을 올리기 전에 버터 또는 오일을 충분히 두른 후 구워 주세요.

◆ 5일 정도 냉장 보관 가능합니다. 냉장 보관 후 먹을 때는 200도로 예열한 오븐에서 8분 전후로 굽는 게 가장 좋아요.

1 　감자는 껍질을 제거하고 최대한 얇게 채 썬다.

2 　채 썬 감자를 손으로 꼭 짜서 물기를 최대한 제거한다.

3 　믹싱 볼에 감자, 녹인 버터(15g), 소금, 후추를 넣고 고루 섞는다.

4 　중불에 기버터를 적당량 올리고 녹으면 감자 반죽을 50g 정도씩 올린다. 지름 8cm 정도로 펴고 위아래 각각 5분 정도 굽는다.

Tip 겉이 바삭해질 때까지 굽는다.

버섯 오픈 샌드위치

볶음밥, 비빔밥, 파스타, 샐러드 토핑, 오픈 토스트, 샌드위치 등에 활용 가능한 버섯 볶음입니다. 집에 있는 재료로 브런치 카페에서 먹는 그 맛을 구현해 보세요.

주재료

□ 느타리버섯 370g

□ 표고버섯 90g

□ 올리브오일 45mL

□ 소금 4g

□ 후추 적당량

□ 다진 마늘 15g

□ 식초 15~30mL

□ 건파슬리 1g

□ 구운 빵

추가 재료

□ 홀그레인 머스터드

□ 발사믹 글레이즈

□ 바질 페스토

□ 파마산 치즈

Tip

◆ 단맛을 원하면 마늘을 볶을 때 꿀 1큰술을 추가합니다.

◆ 식초는 감칠맛을 끌어올리고 전체적인 맛을 선명하게 만드는 킥 재료입니다. 처음에는 1큰술만 넣고 맛본 후에 조금씩 추가하세요. 저는 2큰술 넣습니다.

◆ 버섯 볶음은 5일 정도 냉장 보관 가능합니다.

1 느타리버섯은 단단한 밑동을 자른 후 하나씩 떼어 내고, 표고 버섯은 밑동을 자른 후 1cm 두께로 자른다.

2 팬에 오일, 버섯을 넣고 강불에서 4분 정도 볶는다.

Tip 타지 않게 계속 저어 준다.

3 숨이 죽으면 소금, 후추를 추가해서 1분 정도 볶은 후, 마늘을 넣고 추가로 1분 정도 볶는다.

4 버섯에서 물이 나오기 시작하면 평평하게 펴고 4분 정도 졸인다.

Tip 저을 필요 없다.

5 물이 반 정도로 줄면 식초를 넣고 위아래를 고루 섞어 가며 30초 볶는다.

6 다시 평평하게 펴고 수분이 완전히 증발할 때까지 5분 정도 졸인다.

Tip 저을 필요 없다.

7 불에서 내린 후 파슬리 가루를 올려 고루 섞는다.

8 구운 빵에 홀그레인 머스터드나 바질 페스토를 바른다.

9 버섯 볶음을 올린다.

10 파마산 치즈를 뿌린 후 발사믹 글레이즈를 뿌린다.

오코노미야키

현지인에게 배운 레시피입니다. 찰지고 쫀득한 식감의 비밀은 마! 일본 현지에서 먹는 맛과 거의 똑같다는 후기가 많은 레시피입니다. 소스를 뿌리지 않고 먹어도 맛있어요.

주재료

- ☐ 물 150mL
- ☐ 다시마 5g
- ☐ 양배추 200g
- ☐ 마 100g
- ☐ 얇게 썬 파 20g
- ☐ 박력분 또는 중력분 80g
- ☐ 소금 2g
- ☐ 올리브오일 적당량

추가 재료

- ☐ 불독 소스
- ☐ 마요네즈
- ☐ 파래 가루
- ☐ 가쓰오부시

Check

◆ 다시마 우린 물 대신 가쓰오부시 우린 물을 사용해도 됩니다.

Tip

◆ 오코노미야키에는 육류(삼겹살, 베이컨), 해산물(오징어, 새우) 등 개인의 입맛에 따라 재료를 추가하면 됩니다.

◆ 현지인은 오코노미야키 소스로 불독 소스(중농)를 추천하는데요, 소스까지 올려야 오리지널 맛이 납니다. 이 레시피에서는 오리지널을 보여 드리고자 불독 소스를 사용했지만 평소에는 시판용 소스를 올리지 않고 먹어요. 참고로 불독 소스는 야키소바, 카레, 하이라이스를 만들 때 활용 가능합니다.

◆ 5일 정도 냉장 보관 가능합니다.

1 물에 다시마를 넣고 실온에서 30분 이상 우린다.

2 양배추는 얇게 채 썬다.

Tip 채칼이 없으면 손으로 채 썬다.

3 마는 곱게 간다.

4 믹싱 볼에 밀가루, 소금, 다시마 우린 물을 넣고 잘 섞는다.

5 양배추, 마, 파를 넣고 고루 섞는다.

Tip 양배추가 너무 숨이 죽지 않도록 슬슬 섞는다.

6 강불에 팬을 달구고 올리브오일을 두른 뒤, 1cm 두께로 반죽을 올리고 동그랗게 모양을 잡는다.

7 중약불로 줄이고 반죽 아래쪽이 노릇해질 때 뒤집어서 익힌다.

Tip 아래 3분, 뒤집어서 2분 정도 익힌다.

8 접시에 올리고 불독 소스를 고르게 펴 바른다.

9 위에 마요네즈를 뿌린다.

10 마지막에 파래 가루 또는 가쓰오부시를 올린다.

토마토 오픈 샌드위치

토마토 오픈 샌드위치에 들어가는 부라타 치즈는 겉은 쫄깃한 모차렐라와 비슷하지만 속은 부드러운 크림이 흐르는 이탈리아 치즈입니다. 고소하고 풍미가 좋아요. 가격대가 조금 있어 마트에서 할인할 때 몇 개 구입해 놓고 냉동 보관하여 사용합니다. 먹기 이틀 전부터 통 그대로 유청과 함께 냉장실에서 해동하면 됩니다. 냉동하면 식감이 조금 푸석해지긴 하지만 전반적으로는 괜찮아요.

주재료

- ☐ 방울토마토 500g
- ☐ 다진 양파 50g
- ☐ 다진 마늘 10g
- ☐ 올리브오일 30mL
- ☐ 소금 2g
- ☐ 후추 적당량
- ☐ 발사믹식초 10mL
- ☐ 부라타 치즈 100g
  (실온 상태)
- ☐ 구운 빵

추가 재료

- ☐ 바질
- ☐ 바질 페스토
- ☐ 올리브오일

Check

◆ 발사믹식초는 일반 양조 식초, 애플 사이다 비니거, 레몬즙으로 대체 가능하지만 이 레시피에는 발사믹식초가 가장 잘 어울려요.

Tip

◆ 오븐 사양에 따라 오븐 온도, 굽는 시간은 상이해요.

◆ 만든 날 먹는 게 가장 맛있습니다.

◆ 이틀 정도 냉장 보관 가능합니다. 냉장 보관 후에는 실온에 30분 이상 두었다가 드세요.

1 믹싱 볼에 토마토, 양파, 마늘, 올리브오일, 소금, 후추를 넣고 고루 섞은 다음 오븐용 팬에 옮긴다.

2 200도로 예열한 오븐에서 10분 굽는다.

3 오븐에서 꺼낸 후 발사믹식초를 넣어 가볍게 섞는다.

4 접시에 옮기고 그 위에 부라타 치즈, 바질, 바질 페스토를 적당량 올린다. 전체적으로 올리브오일을 1큰술 두른다.

토마토 마늘 오븐 구이

구우면 뭐든 맛있지만 토마토와 마늘을 같이 구우면 시너지 효과가 납니다. 남는 오일에 오일 파스타를 만들면 진짜 맛있어요. 샐러드, 피자 토핑, 오픈 샌드위치 등에 활용해 보세요.

주재료

□ 방울토마토 350g

□ 통마늘 20개

□ 올리브오일 90mL

□ 소금 2g

□ 다진 허브 3g

□ 후추 적당량

Tip

◆ 허브는 바질, 파슬리, 딜 등 좋아하는 것으로 사용하세요. 건허브도 가능합니다.

◆ 오븐용 팬은 재료가 겹치지 않는 크기면 됩니다(22cm 사용).

◆ 오븐 사양에 따라 오븐 온도, 굽는 시간은 상이해요.

◆ 만든 후 올리브오일에 충분히 담가 보관합니다.

◆ 일주일 정도 냉장 보관 가능하지만 최대한 빨리 드세요.

1 오븐용 팬에 다진 허브를 제외한 모든 재료를 올리고 쿠킹 포일을 씌운다.

Tip 쿠킹 포일 대신 뚜껑이 될 만한 오븐 사용 가능 용기도 괜찮다.

2 200도로 예열한 오븐에서 40분 굽는다.

3 팬을 꺼내서 쿠킹 포일 또는 뚜껑을 제거하고 오븐에 다시 넣어 추가로 5분 굽는다.

Tip 토마토가 쭈글쭈글하고 윗면이 터지는 상태여야 한다.

4 팬을 꺼내고 허브를 추가한다.

토마토 새우 오븐 구이

단독으로 먹어도 좋고 스테이크 가니시, 부르스케타, 파스타, 샐러드 토핑으로 올려 먹어도 좋아요. 뜨거울 때 바로 먹는 게 가장 맛있습니다.

주재료

☐ 생새우 200g

☐ 방울토마토 500g

☐ 페타 치즈 150g

☐ 올리브오일 30mL

☐ 다진 마늘 10g

☐ 후추 적당량

☐ 건허브 1g

마리네이드

☐ 올리브오일 15mL

☐ 다진 마늘 5g

☐ 소금 1g

☐ 건오레가노 1g

☐ 크러시드 레드 페퍼 1g

☐ 후추 적당량

Check

◆ 허브는 파슬리, 바질, 딜 등 좋아하는 것으로 추가하세요. 생허브도 가능합니다.

Tip

◆ 냉동 새우 사용 시, 냉장실에 옮겨 24시간 해동 후 사용하세요.

◆ 오븐 사양에 따라 오븐 온도, 굽는 시간은 상이해요.

◆ 3일 정도 냉장 보관 가능하지만 최대한 빨리 드세요.

1 생새우에 마리네이드 재료를 모두 넣고 고루 섞은 후, 실온에서 20분 정도 절인다.

2 페타 치즈는 12조각 정도로 자른다.

Tip 자르면서 치즈가 부서져도 상관없다.

3 믹싱 볼에 토마토, 올리브오일, 마늘, 후추를 넣고 고루 섞는다.

Tip 토마토에 올리브오일이 고루 코팅되어야 한다.

4 재료가 겹치지 않는 크기의 오븐 팬에 옮긴다.

5 페타 치즈를 올린다.

6 200도로 예열한 오븐에서 15분 굽는다.

7 오븐에서 꺼내어 새우를 올린다.
Tip 새우끼리 겹치지 않게 고루 편다.

8 200도로 예열한 오븐에서 추가로 7분 굽는다.

9 건허브를 추가한다.

10 전체적으로 고루 섞는다.
Tip 치즈는 으깨어 섞는다.

지중해식 생선 요리

지중해식 요리는 많은 재료 필요 없이 재료 본연의 맛을 살리는 레시피가 많은데요. 파피요트는 종이 포일로 생선을 감싸 만드는 지중해식 생선 요리입니다. 홈 파티에서 하나씩 서빙해도 좋아요.

주재료

□ 손질 대구 살 320g

□ 방울토마토 120g

□ 양파 50g

□ 주키니 100g

□ 레몬 4조각

□ 로즈마리 또는 타임 1g

□ 소금 1g

□ 후추 적당량

소스

□ 올리브오일 30mL

□ 레몬즙 15mL

□ 홀그레인 머스터드 5g

□ 다진 마늘 10g

Check

◆ 생선은 대구, 연어, 가자미 등으로 사용 가능합니다. 냉동 생선 사용 시, 냉장실에 옮겨 24시간 해동 후 사용하세요.

◆ 버섯, 당근, 올리브, 시금치 등 빨리 익는 다른 야채도 사용 가능합니다.

Tip

◆ 생선은 앞뒤에 소금, 후추를 적당히 뿌려 놓으세요.

◆ 오븐 사양에 따라 오븐 온도, 굽는 시간은 상이해요.

◆ 이틀 정도 냉장 보관 가능하지만 만든 직후 바로 먹는 게 가장 좋습니다.

1 종이 포일은 가로 33cm, 세로 45cm로 2장을 잘라 각각 반으로 접어 놓고, 소스 재료는 고루 섞는다.

2 방울토마토는 반 가르고 양파, 주키니, 레몬은 0.3cm 두께로 썬다.

3 종이 포일을 밑에 깔고 그 위에 주키니, 생선, 레몬, 양파, 토마토, 소스, 허브 순서로 올린다.

Tip 버터 한 조각, 페퍼론치노 몇 개를 올려도 된다. 재료가 옆으로 흘러도 된다.

4 사방을 꼼꼼하게 감싼 후, 200도로 예열한 오븐에서 15분 전후로 굽는다.

Tip 한쪽 끝부터 새는 틈 없이 꼼꼼하게 접는다.

허니 갈릭 피시

Honey Garlic Fish

비린내에 민감해서 생선을 별로 좋아하지 않는 분들도 맛있게 드실 수 있는 레시피입니다. 마늘과 생강을 모두 넣어야 비린내를 제거할 수 있어요.

주재료

- ☐ 손질 대구 살 400g
- ☐ 소금 2g
- ☐ 후추 적당량
- ☐ 박력분 또는 중력분 20g
- ☐ 올리브오일 적당량

소스

- ☐ 올리브오일 30mL
- ☐ 꿀 45mL
- ☐ 간장 30mL
- ☐ 레몬즙 15mL
- ☐ 다진 마늘 15g
- ☐ 다진 생강 5g
- ☐ 레드 페퍼 플레이크 1g
- ☐ 참기름 5mL
- ☐ 레몬 제스트
   레몬 1개 분량

Check

- ◆ 생선은 대구, 연어, 가자미 등으로 사용 가능합니다. 냉동 생선 사용 시, 냉장실에 옮겨 24시간 해동 후 사용하세요.
- ◆ 레몬즙이 없으면 물로 대체 가능합니다. 레몬 제스트는 생략 가능하나 넣으면 맛이 더 선명해져요.

Tip

- ◆ 마지막에 원하는 허브를 올려도 좋아요. 허브는 생략 가능합니다.
- ◆ 이틀 정도 냉장 보관 가능하지만 만든 직후 바로 먹는 게 가장 좋습니다.

1   소스 재료를 고루 섞는다. 생선은 키친타월 위에서 물기를 최대한 제거하고 소금, 후추로 간한 후 밀가루로 코팅한다.

2   오일을 두른 팬에 생선을 올리고, 생선 아래를 3분간 중강불에서 익힌다.

Tip   바닥이 노르스름해야 한다. 생선 크기에 따라 굽는 시간은 상이하다.

3   뒤집어서 소스를 모두 넣고 4분 익힌다.

Tip   소스가 반 정도로 줄어들어야 한다. 종종 소스를 끼얹는다.

4   다시 뒤집고 추가로 1분 익힌 후, 취향껏 허브를 올린다.

Tip   생선이 생각보다 빨리 익으므로 너무 오래 익히지 않도록 한다.

허니 갈릭 슈림프

Honey Garlic Shrimp

집에 있는 재료로 만드는 새우 요리입니다. 새우 이외에도 닭 가슴살, 돼지고기, 두부 등에 허니 갈릭 소스를 넣어 조려 먹으면 맛있어요. 뜨거운 밥 위에 짭조름한 새우를 올려 먹으면 별미입니다.

주재료

□ 생새우 400g

□ 올리브오일 적당량

허니 갈릭 소스

□ 꿀 100g

□ 간장 40mL

□ 다진 마늘 20g

□ 다진 생강 5g

□ 크러시드 레드 페퍼 2g

□ 올리브오일 15mL

전분물

□ 옥수수 전분 5g

□ 뜨거운 물 10mL

Tip

◆ 새우는 가급적 큰 사이즈(엑스트라 라지 또는 점보 사이즈)를 사용하는 게 좋습니다.

◆ 냉동 새우 사용 시, 냉장실에 옮겨 24시간 해동 후 사용하세요.

◆ 새우 꼬리는 기호에 따라 떼고 조리하셔도 됩니다.

◆ 생강은 풍미를 더하는 재료지만 없으면 생략 가능해요.

◆ 소스가 되직하지 않은 게 좋다면 전분물은 생략해도 됩니다.

◆ 이틀 정도 냉장 보관 가능합니다. 다시 데워 먹을 때는 물을 소량 추가해서 드세요.

1 허니 갈릭 소스 재료를 고루 섞는다. 믹싱 볼에 새우, 소스 40% 정도만 넣고 고루 섞은 후 냉장실에서 20분 재운다.

2 뜨거울 물에 전분을 넣고 전분이 완전히 녹을 때까지 섞는다. 남은 소스에 전분물을 넣고 고루 섞는다.

3 팬에 올리브오일을 두른 후, 중강불에서 새우를 익힌다.

Tip 새우를 재운 소스는 버린다. 새우 아래가 붉게 익으면 뒤집는다.

4 전분물을 섞은 소스를 넣어 2분 정도 추가로 익힌다.

갈릭 버터 땅콩호박 구이

호박 특유의 달큰함에 견과류 맛이 더해진, 가을에 맛볼 수 있는 땅콩호박. 해슬백은 재료에 얇게 칼집을 넣어 만드는 요리인데, 땅콩호박에도 동일하게 활용 가능합니다. 이렇게 칼집 낸 형태는 홈 파티, 포틀럭 상차림에 좋아요. 외국에서는 추수 감사절 단골 메뉴입니다.

주재료

☐ 땅콩호박 850g

갈릭 버터 소스

☐ 녹인 무염 버터 20g

☐ 다진 마늘 10g

☐ 꿀 또는
　 메이플시럽 15~30mL

☐ 소금 1g

☐ 후추 적당량

☐ 건허브 1g

Tip

◆ 꿀 또는 메이플시럽은 가감 가능합니다.

◆ 허브는 파슬리, 바질 등 좋아하는 것으로 사용하세요.

◆ 오븐 사양에 따라 오븐 온도, 굽는 시간은 상이해요.

◆ 따뜻할 때 먹는 게 가장 맛있습니다.

◆ 단독으로 먹어도 좋고 구운 생선, 스테이크, 치킨 등의 곁들임 음식으로도 좋아요.

◆ 3일 정도 냉장 보관 가능합니다.

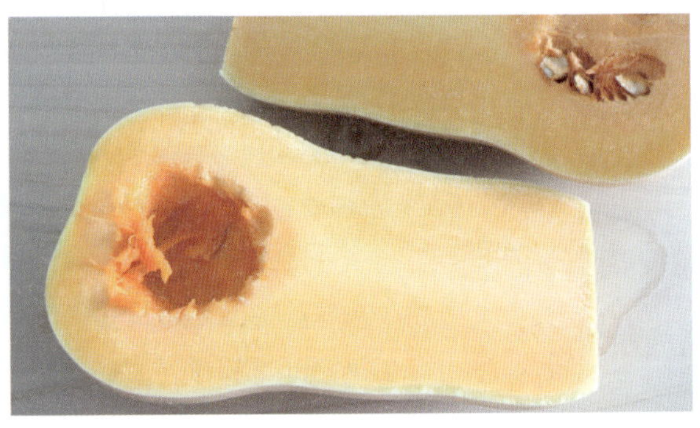

1 건허브를 제외한 갈릭 버터 소스 재료를 고루 섞는다.

2 땅콩호박은 꼭지를 1cm 정도 자른 후 이등분한다.

3 포크나 스푼으로 씨를 빼고, 껍질은 모두 벗긴다.

4 오븐 팬에 땅콩호박을 올리고, 위아래에 소스를 얇게 바른다.
Tip 소스를 모두 바르는 게 아니다.

5 200도로 예열한 오븐에서 20분 굽는다.

6 오븐에서 꺼내어 5분 정도 식힌 후, 끝 부분을 조금 남기고
0.3cm 너비로 칼집을 낸다.

7   남은 소스를 충분히 바른다.

8   200도로 예열한 오븐에서 추가로 20분 굽는다.

9   건허브를 뿌린다.

미소 가지 구이

Miso Glazed Eggplant

일본의 대표적인 가정식, 나스 덴가쿠입니다. 번역하면 미소 글레이즈 바른 가지 구이예요. 일본 여행에서, 또는 우리나라 일식당에서 드셔 본 분들 많으시죠? 미소 글레이즈는 생선, 스테이크, 구운 야채 등 다양한 음식에 소스로 사용 가능합니다.

주재료

☐ 가지 720g

☐ 올리브오일 30mL

☐ 차이브 또는 파 2g

☐ 깨 1g

미소 글레이즈

☐ 미소 30g

☐ 식초 15mL

☐ 사케 또는 청주 15mL

☐ 간장 5mL

☐ 참기름 5mL

☐ 설탕 15g

☐ 다진 마늘 5g

Check

◆ 이 레시피는 우리나라 된장으로 대체가 안 됩니다.

◆ 사케, 청주가 없다면 맛술, 미림으로 대체하세요. 맛술, 미림은 단맛이 있는 재료라 결과물이 더 달아집니다.

Tip

◆ 미소 글레이즈에는 보통 시로미소(백미소)를 사용합니다. 시로미소는 색이 연하고, 염도가 낮은 부드러운 맛이에요. 반면 아카미소(적미소)는 색이 진하며, 염도가 높은 진한 맛입니다.

◆ 매콤한 맛을 원하면 마지막에 크러시드 레드 페퍼를 올려 주세요.

◆ 오븐 사양에 따라 오븐 온도, 굽는 시간은 상이해요.

◆ 5일 정도 냉장 보관 가능합니다.

1 가지는 반 갈라 칼집을 깊숙이 내서 오븐용 팬에 올리고, 올리브오일을 충분히 바른다.

Tip 가지 바닥이 뚫리면 안 된다.

2 160도로 예열한 오븐에서 20분 굽는다.

3 미소 글레이즈 재료를 고루 섞은 후 오븐에서 꺼낸 가지에 바른다.

Tip 칼집 사이사이로 글레이즈가 스며들 정도로 바른다.

4 160도로 예열한 오븐에서 추가로 15분 구운 후 차이브, 파, 깨 등을 올린다.

Tip 오븐에서 5분 후 꺼내서 글레이즈를 한 번 바르고 10분 더 굽는다.

병아리콩 비건 커리

Chickpea Vegan Curry

한 그릇만 먹기 아쉬운 맛. 식물성 단백질이 가득한 맛있는 비건 커리입니다. 당근, 고구마, 시금치 등 원하는 야채를 추가해서 만들어 보세요.

주재료

- ☐ 삶은 병아리콩 400g
  (건조 병아리콩 200g)
- ☐ 토마토 통조림 400g
- ☐ 양파 300g
- ☐ 다진 마늘 15g
- ☐ 코코넛오일 30mL
- ☐ 코코넛밀크 400mL
- ☐ 가람 마살라 20g
- ☐ 커리 파우더 10g
- ☐ 통밀 가루 10g
- ☐ 소금 5g
- ☐ 라임즙 30mL
- ☐ 후추 적당량

Check

- ◆ 코코넛오일 대신 무염 버터로 대체 가능합니다.
- ◆ 코코넛 향이 싫다면 코코넛밀크 대신 일반 생크림으로 사용 가능합니다.

Tip

- ◆ 가람 마살라와 커리 파우더는 커리에 색과 향을 입히는 중요한 향신료입니다. 가람 마살라는 다양한 재료를 섞어 놓은 향신료로 브랜드마다 맛이 조금씩 다른데, 입맛에 맞는 제품으로 사용하면 됩니다.
- ◆ 라임은 생략 가능한 재료이나 킥이 되는 재료예요.
- ◆ 3일 정도 냉장 보관 가능합니다.

1 건조 병아리콩에 물을 부어 콩이 2배 이상 부풀 때까지 12시간 정도 충분히 불린다.

2 냄비에 옮겨 중불에서 끓이다가 보글보글 끓기 시작하면 약불로 줄여 1시간 정도 충분히 끓인다.

3 체에 밭아 최대한 물기를 제거한다.

4 양파는 얇게 썬다.

5 팬에 코코넛오일을 넣고 중강불에서 마늘을 2분 볶는다.

6 양파, 토마토, 소금을 넣고 중불에서 10분 익힌다.
Tip 중간중간 저어 가며 익힌다.

7 병아리콩, 가람 마살라, 커리 파우더를 넣고 고루 섞는다.

8 코코넛밀크, 통밀 가루를 넣어 가볍게 섞은 후 중약불에서 15분 끓인다.

9 불에서 내리고 후추를 적당량 뿌려 가볍게 섞는다.

10 라임즙을 추가해 가볍게 섞는다.

병아리콩 프리터

Chickpea Fritter

프리터는 일종의 크로켓이에요. 병아리콩 프리터는 그리스 버전의 팔라펠이라고 할 수 있는 지중해식 음식입니다. 그냥 먹어도 좋고, 버거나 샌드위치 패티로도 사용 가능합니다.

주재료

□ 삶은 병아리콩 300g

　(건조 병아리콩 150g)

□ 계란 1개(특란 기준)

□ 체다 치즈 40g

□ 박력분 또는 중력분 30g

□ 베이킹 파우더 3g

□ 소금 2g

□ 쿠민 파우더 2g

□ 마늘 5g

□ 물 40mL

□ 올리브오일 적당량

Tip

◆ 쿠민, 커리, 고수 파우더 등 향신료를 넣어야 맛이 밋밋하지 않아요.

◆ 대부분의 슬라이스 치즈는 유화제, 보존제, 색소, 증점제 등이 들어간 가공 치즈입니다. 치즈를 구입할 때는 반드시 성분표를 확인하시고, 치즈 함량이 높고 첨가물이 적은 제품으로 구입하세요.

◆ 5일 정도 냉장 보관 가능합니다.

1 건조 병아리콩에 물을 부어 12시간 정도 불린다. 냄비에 옮겨 중불에서 끓이다가 끓기 시작하면 약불로 줄여 1시간 정도 끓인다.

2 병아리콩은 체에 밭아 최대한 물기를 제거한 다음, 푸드 프로세서에 올리브오일을 제외한 모든 재료를 넣어 곱게 간다.

3 팬에 올리브오일을 충분히 두르고, 중약불에 반죽을 올려 살짝 눌러서 평평하게 편다.

Tip 보통 50g씩 만든다.

4 위아래 각각 2분 정도 익힌 후 키친타월에 올려 기름기를 제거한다.

Tip 화력에 따라 익는 시간은 상이하다.

브로콜리 프리터

Broccoli Fritter

브로콜리를 초장에만 찍어 드셨다면 이젠 변주를 즐겨 보세요. 브로콜리 안 먹는 사람도 이렇게 프리터로 만들면 맛있게 잘 먹는다는 후기가 많은 레시피입니다.

주재료

☐ 브로콜리 170g

☐ 박력분 또는 중력분 50g

☐ 체다 치즈 30g

☐ 달걀 1개(특란 기준)

☐ 다진 마늘 5g

☐ 소금 2g

☐ 올리브오일 적당량

Check

◆ 브로콜리는 콜리플라워로, 체다 치즈는 파마산 치즈로 대체 가능합니다.

Tip

◆ 꾸덕한 그릭 요거트나 간장에 찍어 먹어도 좋고, 소스 없이 그냥 단독으로 먹어도 좋아요.

◆ 5일 정도 냉장 보관 가능합니다.

1 적당하게 자른 브로콜리를 소금을 소량 넣은 끓는 물에 1분 데친다. 흐르는 찬물에 식힌 후 체에 밭아 물기를 제거한 다음 다진다.

2 믹싱 볼에 달걀, 마늘, 소금(2g)을 넣고 섞는다. 그 다음 밀가루, 치즈를 넣고 섞은 후 브로콜리를 넣고 섞는다.

3 팬에 올리브오일을 충분히 두르고, 중약불에 반죽을 올려 살짝 눌러서 평평하게 편다.

Tip 보통 50g씩 만든다.

4 위아래 각각 2분 정도 익힌 후 키친타월에 올려 기름기를 제거한다.

Tip 화력에 따라 익는 시간은 상이하다.

맥앤치즈

Mac and Cheese

짭조름하고 고소한 북미의 소울 푸드, 맥앤치즈. 우리나라에서는 보통 마카로니에 마요네즈를 넣은 마카로니 샐러드로 먹는데, 마카로니는 파스타의 일종으로 한 끼 식사로도 가능합니다.

주재료

☐ 마카로니 60g

☐ 무염 버터 15g

☐ 소금 1g

☐ 중력분 또는 박력분 7g

☐ 우유 120g

☐ 체다 또는
　그뤼에르 치즈 40g

☐ 후추 적당량

☐ 크러시드 레드 페퍼 1g

Tip

◆ 마카로니를 삶을 때 물 350mL, 소금 3g 정도 넣으세요. 마카로니를 익히는 시간은 제품마다 상이합니다.

◆ 치즈는 2배 이상 넣어도 되지만 많이 넣으면 느끼할 수 있어요.

◆ 크러시드 레드 페퍼는 생략 가능하지만 매운 재료가 느끼한 맛을 중화하는 역할을 합니다.

◆ 따뜻할 때 바로 먹는 게 가장 좋습니다. 가급적 한 번에 모두 소진할 분량만 만드는 게 좋아요.

◆ 3일 정도 냉장 보관 가능합니다. 치즈가 들어가서 냉장 보관하면 굳는데, 다시 데워 먹을 때는 원하는 농도가 될 때까지 우유를 소량 넣고 고루 섞어 데워 드세요.

1 물에 소금을 넣고 팔팔 끓으면 마카로니를 넣어 11~13분 끓인다.

2 중약불에서 버터를 녹인 후 소금(1g), 밀가루를 넣고 3분 볶는다. 우유를 넣고 3분, 치즈를 넣고 1~2분 정도 저으며 완전히 녹인다.

Tip 재료를 넣고 계속 젓는다.

3 불을 끄고 후추, 크러시드 레드 페퍼를 적당량 뿌려 고루 섞는다.

4 마카로니를 체에 밭아 면수를 거른 후, 소스에 마카로니를 넣고 고루 섞는다.

Tip 더 묽은 농도를 원하면 우유를 소량씩 넣어 조절한다.

베이크 페타 파스타

Baked Feta Pasta

간단하지만 풍미는 가득한 파스타입니다. 상큼해서 느끼하지 않게 먹을 수 있어요. 손님상에 올리면 금세 없어지는 메뉴. 단독으로 먹어도 좋고, 빵 위에 올려 먹어도 좋습니다.

주재료

- ☐ 방울토마토 300g
- ☐ 올리브오일 60mL
- ☐ 페타 치즈 100g
- ☐ 펜네 파스타 150g
- ☐ 다진 마늘 8g
- ☐ 채 썬 바질 10g
- ☐ 소금 1g

Check

◆ 생바질이 없으면 건허브를 사용하세요.

Tip

◆ 파스타 면을 삶을 때 물 1L 기준으로 소금 10g을 넣으세요. 익히는 시간은 제품마다 상이합니다.

◆ 소스의 신맛이 강하다면 꿀, 설탕 등 단맛이 나는 재료를 소량 추가하세요.

◆ 오븐용 팬은 재료가 고루 펼쳐지는 사이즈면 됩니다.

◆ 오븐 사양에 따라 오븐 온도, 굽는 시간은 상이해요.

◆ 3일 정도 냉장 보관 가능합니다. 다시 데워 먹을 때는 올리브오일을 소량 넣어 약불에서 데우세요.

1 오븐용 팬에 토마토, 올리브오일, 소금(1g)을 넣고 섞는다. 페타 치즈를 가운데에 올리고 두어 번 뒤집어 올리브오일로 코팅한다.

2 180도로 예열한 오븐에서 35분 굽는다.
Tip 토마토가 익고, 치즈가 부드럽게 녹을 때까지 굽는다.

3 물에 소금을 넣고 팔팔 끓으면 파스타를 넣어 11~13분 끓인다. 파스타는 체에 밭아 면수를 거른다.

4 오븐에서 팬을 꺼내어 마늘, 바질을 추가하고 모든 재료를 으깨어 소스를 만든다. 소스에 파스타를 넣고 고루 섞는다.

콜드 파스타

Cold Pasta

차가운 상태에서도 식감이 괜찮은 푸실리, 펜네 같은 쇼트 파스타로 사용하세요. 콜드 파스타를 만들 때는 패키지에 적힌 시간보다 2분 정도 더 삶아야 식었을 때도 쫄깃한 식감을 유지합니다. 면이 푹 퍼질 정도로 익히는 게 중요해요.

주재료

☐ 펜네 파스타 250g

☐ 토마토 350g

☐ 채 썬 바질 10g

☐ 파마산 치즈 20g

드레싱

☐ 올리브오일 60mL

☐ 발사믹식초 45mL

☐ 다진 마늘 5g

☐ 소금 5g

☐ 후추 적당량

추가 재료

☐ 발사믹 글레이즈

Check

◆ 토마토는 큰 토마토, 방울토마토 어떤 종류든 상관없습니다.

Tip

◆ 파스타 면을 삶을 때 물 1L 기준으로 소금 10g을 넣으세요. 익히는 시간은 제품마다 상이합니다.

◆ 발사믹 글레이즈는 생략 가능하나 추가하면 풍미가 좋아져요.

◆ 이틀 정도 냉장 보관 가능합니다. 만든 당일에 먹는 게 가장 좋지만 다음 날도 괜찮아요.

1 드레싱 재료를 모두 넣어 고루 섞는다.

2 물에 소금을 넣고 팔팔 끓으면 파스타를 넣어 11~13분 끓인다.

3 파스타는 체에 밭아 면수를 거른다.

4 파스타가 아직 뜨거울 때 만든 드레싱의 70% 정도를 넣고 고루 섞은 후, 실온에서 15분 절인다.

5 토마토는 사방 1cm 크기로 자른다.

6 남은 드레싱에 토마토를 넣고 고루 섞는다.
Tip 토마토를 자를 때 나온 즙도 모두 넣는다.

7   절인 파스타에 절인 토마토를 넣고 섞는다.

8   파마산 치즈, 바질을 넣어 가볍게 섞는다.

9   먹기 직전에 발사믹 글레이즈를 소량 뿌린다.

이탈리안 미트볼

Italian Meatball

외국에서는 미트볼을 만들 때 소고기 비율을 높게 하지만 한국인 입맛에는 조금 질길 수 있어요. 돼지고기 비율을 높게 해야 부드러운 식감으로 즐길 수 있습니다. 파스타 토핑으로, 일반 반찬으로 다양하게 즐겨 보세요.

주재료

- ☐ 다진 돼지고기 300g
- ☐ 다진 소고기 200g
- ☐ 다진 양파 150g
- ☐ 식빵 30g
- ☐ 달걀 1개(특란 기준)
- ☐ 다진 파슬리 15g
- ☐ 파마산 치즈 40g
- ☐ 다진 마늘 10g
- ☐ 소금 6g
- ☐ 후추 적당량
- ☐ 올리브오일 적당량

Check

◆ 식빵 대신 빵가루로 대체 가능합니다.

Tip

◆ 3일 정도 냉장 보관, 2개월 정도 냉동 보관 가능합니다.

1 믹싱 볼에 양파, 사방 1cm 크기로 자른 식빵을 넣고 조물조물 섞어 실온에 5분간 둔다.

Tip 식빵 가장자리는 사용하지 않는다.

2 올리브오일을 제외한 모든 재료를 넣고 고루 섞은 후, 먹기 좋은 크기로 동그랗게 뭉친다.

Tip 25g 정도가 적당하다.

3 팬에 오일을 충분히 두르고 중강불에서 익힌다.

Tip 아래 3분, 뒤집어서 3분 정도 익힌다.

4 원하는 토마토 소스에 넣어 활용한다.

Tip 토마토 베이스 소스는 104p, 108p, 110p를 참고한다.

무반죽 식사빵

No-Knead Bread

설탕이 안 들어가지만 치즈가 들어가 짭조름한 식사빵입니다. 할라피뇨(182p)를 넣으면 더 맛있어요. 이 빵은 스프레드, 잼 등을 바르지 않고 단독으로 먹어도 맛있어요.

주재료

- 강력분 220g
- 인스턴트 드라이 이스트 3g
- 소금 3g
- 미지근한 물 200mL
- 체다 치즈 80g

토핑

- 체다 치즈 20g

Check

◆ 반죽의 발효가 끝나기 10분 전에 오븐을 230도로 예열합니다. 예열한 오븐에 오븐용 냄비(지름 18cm)와 뚜껑을 넣고 10분 정도 예열합니다.

Tip

◆ 치즈는 모차렐라를 제외한 체다, 몬테레이 잭, 콜비 잭, 그뤼에르 등 대부분의 치즈로 가능합니다.

◆ 할라피뇨를 넣는다면 1번 과정에서 넣어 주세요.

◆ 선선한 실온에서 하루 정도 보관 가능해요. 5일 정도 냉장 보관, 2개월 정도 냉동 보관 가능합니다.

1 믹싱 볼에 주재료를 넣고 주걱으로 고루 섞는다. 위생 랩 또는 유리 용기를 씌우고 따뜻한 실온에서 반죽이 2배 이상 부풀 때까지 2시간 발효한다.

2 작업대 위에 덧밀가루를 소량 뿌리고 발효를 끝낸 반죽을 옮긴다. 반죽을 안쪽으로 5~6회 접으면서 대충 원형으로 만든 후 뒤집어서 유산지에 옮긴다.

3 예열이 끝난 냄비를 꺼낸 후 유산지를 오므려 냄비 안에 반죽을 넣고, 토핑용 치즈를 올린 후 뚜껑을 닫는다.

4 230도로 예열한 오븐에서 30분 구운 후, 뚜껑을 열고 추가로 10분 굽는다. 식힘망 위에 꺼내서 10분 정도 식힌 후 자른다.

브런치 하다앳홈

초판 1쇄 발행 2026년 3월 23일
초판 3쇄 발행 2026년 4월 6일

지은이 박정아
펴낸곳 ㈜골드앤에스
펴낸이 양홍걸

홈페이지 siwonbooks.com
블로그 · 인스타 · 페이스북 siwonbooks
주소 서울시 영등포구 영신로 166 시원스쿨
구입 문의 02)2014-8151
고객센터 02)6409-0878

ISBN 979-11-94687-52-8 13590

시원북스는 ㈜골드앤에스의 단행본 브랜드입니다.

독자 여러분의 투고를 기다립니다.
책에 관한 아이디어나 투고를 보내주세요.
siwonbooks@siwonschool.com